Klaus Richarz und Bruno P. Kremer

Was macht der Maikäfer im Juni?

Was macht der Maikäfer im Juni?

KLAUS RICHARZ • BRUNO P. KREMER

Alltägliches und Rätselhaftes über Pflanzen und Tiere

Cartoons von Friedrich Werth

KOSMOS

Alltagsmysterien auf der Spur

Man kann trefflich darüber streiten, ob unsere Vorfahren es zumindest in der Hinsicht besser hatten, dass sie nicht so viel lernen und wissen mussten wie wir Zeitgenossen einer durch und durch technisch-wissenschaftlich bestimmten Epoche. Andererseits: Wer in eine tiefe seelische Krise gerät, weil ihm die alten Waldbäume vermeintlich Grimassen schneiden oder weil seltene Himmelsereignisse einen roten Mond bzw. eine schwarze Sonne zeigen, ist dem ganz normalen Geschehen in der Natur womöglich doch recht hilflos ausgeliefert. Da sehen wir aufgeklärten Menschen des gerade begonnenen 21. Jahrhunderts doch etwas gelassener hin, wenn beim Gewitter die Blitze aus den Wolken fahren – wissen wir doch, dass dann nicht Wotan wiederum seine sagenhafte Wut auslebt, sondern schlicht elektrische Ladungen ausgeglichen werden. Mehr noch: Im Prinzip kann man die daran beteiligten Vorgänge heute bis ins Detail erklären. Naturwissen(schaft) ersetzt eben die Naturmystik. Ob ihre Zugriffe mit dem analysierenden Seziermesser die Natur nachhaltig entzaubert, ist eine durchaus bedenkenswerte Frage. Immerhin lässt Wissen auch staunen, und Staunen hat immer eine Menge mit Bewundern zu tun, auch wenn es um ganz nüchterne Zusammenhänge geht.

Jeder Tag überrascht uns mit irgendwelchen hinterfragungswürdigen Alltagsmysterien, für die es Erklärungsbedarf gibt. Oberflächlich betrachtet mag man solche Probleme fallweise irgendwo zwischen banal und trivial einsortieren, aber bei genauerem Hinsehen liefern sie häufig genug allerhand erstaunliche Einsichten. Gewiss kann man glücklich und zufrieden leben auch ohne die richtige Antwort auf das Problem, ob ein Uhu so eindrucksvoll mit den Augen rollen kann wie die Schnitzeule einer Schwarzwalduhr, ob der Kürbis tatsächlich eine Beere ist oder ob der Haifisch seine Zähne eventuell auch am Schwanz trägt. Oder wie berührt Sie beispielsweise die Feststellung, dass das Kaninchen eigentlich das Wappentier Spaniens sein müsste? Zugegebenermaßen gehören solche Sachverhalte nicht unbedingt zum Grundgerüst üblicher Allgemeinbildung. Wissen macht aber Spaß und steht (wieder) in gutem Ansehen. Das beweisen nicht zuletzt die beinahe täglichen Quizsendungen auf mehreren TV-Kanälen.

Noch etwas kommt hinzu. Oft sind es nämlich gerade diese, aber höchst realen vermeintlichen Nebensächlichkeiten und kuriosen Randgeschichten, die einen besonderen Unterhaltungswert aufweisen oder irgendwie faszinierend sind. Haben Sie sich eventuell schon einmal gefragt, ob der tägliche Sonnenlauf den Sonnenblumen wirklich die Köpfe verdreht? Oder ob im leeren Schneckenhaus vom letzten Strandurlaub immer noch das Meer rauscht? Fragen Sie doch einmal im Kreise erklärter Technikfreaks nach, wie viele PS ein Pferd nun ganz genau hat. Sie könnten Ihre Gesprächsrunde auch mit den Details aufmischen, wie denn eine flott aussehende Biene mit raffinierten Tricks die angetörnten Männchen verführt (wir reden übrigens von Orchideenblüten und ihren Bestäubern) oder wie ein Heupferd seine Flügel putzt. Von solch seltsamen Sachverhalten aus der vielfältigen Natur lebt bestimmt nicht nur das Vermischte auf der letzten Seite Ihrer Tageszeitung.

Ähnlich wie in unserem Buch „Was macht der Fisch beim Blitzeinschlag?“ nehmen wir wiederum allerhand – und nicht immer ganz alltägliche – Fragwürdigkeiten aus der Natur in den Blick, mit denen uns Freunde und Kollegen überraschten oder die uns bei verschiedenen Gelegenheiten selbst zu Kopf stiegen. Wir hoffen, Sie mit den Antworten prächtig zu amüsieren und wünschen Ihnen eine äußerst vergnügliche Lektüre.

Klaus Richarz und Bruno P. Kremer

Wie fängt die AMSEL den Regenwurm?

Kaum haben wir den Mäher weggeräumt, schon interessiert sich „unsere“ Amsel für den kurz getrimmten Rasen. Zwischen einigen Hüpfern bleibt *Turdus merula* immer wieder unbeweglich stehen, um dabei ihren Kopf schief zu legen. Schließlich stößt sie, besser er, denn es ist in dem Fall der schwarze Amselhahn, mit dem gelben Schnabel ins Grün, um einen fetten Regenwurm aus dem Erdreich zu ziehen. Dieser wird sofort zum Nest in der Efeuwand transportiert. Durch ihr Hüpfen hat die Amsel ein Geräusch erzielt, das beim Regenwurm wie aufschlagende Wassertropfen ankommt. Bodennässe bei starkem Regen, durch die im Boden Sauerstoffnot entsteht, veranlasst Regenwürmer, sofort an die Oberfläche zu kommen. Und auch das Kopf-Schiefhalten unserer Amsel ist erklärlich: Weil durch die seitliche Stellung ihrer Augen das Blickfeld vor dem Schnabel eingeschränkt ist, hält sie zum Fixieren ihrer fetten Beute den Kopf einfach schief.

Kann man BAKTERIEN mit bloßem Auge sehen?

Bakterien, Bazillen, Mikroorganismen, Mikroben – wie immer man die Winzlinge am untersten Ende der Größenskala benennen mag, sie gelten als Inbegriff der Kleinheit, die man als solche bestenfalls in einem teuren Forschungsmikroskop sehen kann. Im Prinzip ist diese Einschätzung richtig, aber nur so weit es um einzelne Bakterienzellen geht. Größere Bakterienansammlungen kann man durchaus ohne aufwändiges Vergrößerungsgerät sehen – und tatsächlich haben wir sie fast täglich vor Augen.

Viele Bakterien haben die Eigenart, sich mit speziellen Klebstoffen an alle möglichen Wuchsunterlagen anzuheften. Die solchermaßen vergesellschafteten Mikroorganismen bilden so genannte Biofilme – eine zwar nur Bruchteile eines Millimeters dicke und nahezu lückenlose Lage aus winzigen Zellen, die jedoch beträchtliche Ausmaße erreichen können. Der Bakterien-Biofilm auf den Zähnen – als Plaque aus der Zahnbürstenwerbung bestens bekannt – ist nur eines der zahlreichen Beispiele. Solche Bakteriengemeinschaften nennt man auch Mikrobenmatte. Andere Beispiele sind der Bakterienbelag unter Kontaktlinsen oder in allen möglichen technischen Leitungssystemen, unter anderem auch auf künstlichen Herzklappen und anderen Implantaten. Häufig erreichen solche Mikrobenmatten sogar makroskopische Abmessungen: Die bekannten Tintenstrich-Rieselspuren auf hellen Felswänden gehören ebenso dazu wie die aktuelle Farbe des Kölner Doms: Sein anfangs überwiegend sehr helles Gestein zeigt sich heute mehrheitlich pechschwarz. Vorsichtige Schätzungen gehen von bis zu 10^{20} Mikroorganismen auf der vielwinkligen Außenhaut des Doms aus – das wären rund 1.000 Tonnen Biomasse. Mikrobenmatten bzw. Biofilme erklären auch, warum das Parthenon auf der Athener Akropolis auf Aquarellen des 19. Jahrhunderts meist in warmem, rötlichem Schimmer dargestellt ist, auf anderen dagegen mit grau-schwärzlicher Patina. Lange Zeit schrieb man diese Farbwahlen der Stimmungslage der jeweiligen Künstlers zu, aber schon Justus von Liebig äußerte den Verdacht, sie könne durch Befallswellen aufsässiger Mikroorganismen verursacht sein. Zur Zeit zeigt sich das Parthenon wieder strahlend weiß – saure Niederschläge verdrängten die Mitglieder der Mikrobenmatten bis mehrere Zentimeter tief unter die Oberfläche. Der Vier-Flüsse-Brunnen auf der Piazza Navona in Rom zeigt ebenso den Besiedlungserfolg (auch) der Bakterien wie ein paar Straßen weiter die Fontana di Trevi. Bakterien lösen mit ihren Stoffwechselprodukten das befallene Gestein auf und bauen seine Mineralbestandteile zu vielfarbigen Eisen- oder Manganverbindungen um.

Wie hoch können BÄUME werden?

Seit fast 350 Millionen Jahren wachsen auf der Erde Bäume. Eindrucksvoll lässt sich ihr Erfolg in der Natur ablesen: Wo es das Klima zulässt, endet die ungestörte Entwicklung der Pflanzendecke immer mit Wäldern. Bäume sind allen übrigen Pflanzen einfach überlegen. Sie stellen ihre Konkurrenz buchstäblich in den Schatten und legen im Unterschied zu den Kräutern ihre jährliche Zuwachsleistung in dauerhaftem Holzgewebe fest. Dessen bewundernswerte technische Eigenschaften nutzt der Mensch in vielen Anwendungen – vom Werkzeuggriff bis zum Dachbalken.

Bäume wachsen zwar zeitlebens in die Höhe, aber durchaus nicht in den Himmel. Obwohl sie beachtliche Höhen erreichen, sind ihrem Längenwachstum klare Grenzen gesetzt. Rekordhalter sind die kalifornischen Mammutbäume, insbesondere der Immergrüne Küstenmammutbaum *(Sequoia sempervirens)*: Die längsten noch stehenden Exemplare sind etwa 115 Meter hoch und würden gefällt nicht einmal auf einen Standardfußballplatz passen. Rein holzstatisch könnten sie noch wesentlich höher werden, doch steht dem eine simple physikalische Größe entgegen: Ab etwa 125 Meter bricht die Wasserversorgung in den Spitzenpositionen der Baumkrone zusammen, denn bei dieser Länge reißt der durchgängige Wasserfaden vom Gezweig durch den Stamm bis zur Wurzel unter seinem Eigengewicht ab.

Können sich auch Pflanzen untereinander.. BEKÄMPFEN?

Schon seit langem kennt man auch bei Pflanzen die Erscheinung der Konkurrenz: Manche wachsen wesentlich rascher als die anderen und stellen diese buchstäblich in den Schatten. Nicht von ungefähr verwendet die Umgangssprache den Begriff „vegetieren“ für ein kümmerliches Dasein unter trostlosen Randbedingungen. Des einen Vorteil ist sichtlich des anderen Nachteil. Konkurrenz spielt sich aber nicht nur oberirdisch zwischen Stängeln und Blättern benachbarter Pflanzen ab, die sich gegenseitig das Licht streitig machen, sondern auch im Wurzelraum. Hier konkurrieren sie um Wasser und mineralische Nährstoffe. Oft erfolgt die gegenseitige Übervorteilung über und unter der Bodenoberfläche einfach durch räumliches Gerangel – wer zuerst da ist und sich rasch vergrößert, steht auf der Siegerseite. Manche Pflanzen stärken ihr Durchsetzungsvermögen aber auch mit ganz anderen Mitteln: Sie produzieren besondere Kampfstoffe, mit denen sie die lästige Konkurrenz in ihrer direkten

Nachbarschaft sozusagen auf chemischem Wege kurz halten. Man kann das direkt beobachten: Unter Walnussbäumen gedeiht nicht einmal das sonst recht frohwüchsige Gras. Bei der genaueren Nachsuche fand man in den Blättern des Walnussbaumes eine spezielle chemische Verbindung, die für andere Arten als Wachstumssperre wirkt. Wenn man sie extrahiert, in Wasser auflöst und auf ein Gemüsebeet gießt, lässt die Lösung auch dort die Pflanzen verkümmern. Allelopathie nennt man solche unterschwelligen stofflichen Attacken. Der biologische Sinn liegt darin, dass die wenigen verfügbaren Ressourcen nur einigen kräftigen Exemplaren zu Gute kommen und nicht einer größeren Schar schwachwüchsiger Pflanzen, die kaum zur Fortpflanzung gelangen. Ähnlich ist auch die Unterdrückung der eigenen Nachkommenschaft im Blumentopf zu beurteilen: Die zahlreich produzierten Tochterpflänzchen eines Brutblattes haben so lange keine Chance, wie ein kräftiges Muttexemplar die Szene beherrscht.

Wie verführen Blüten BIENENmännchen?

Reizende Rundungen an den richtigen Regionen, dazu das passende farbliche Outfit und eingehüllt in eine Wolke duftender Verheißungen – ein solches Profil verfehlt seine Wirkung auch auf den männlichen Teil der Population garantiert nicht. Was das Zwischenmenschliche so spürbar beflügelt, ist aber keineswegs (nur) das Ergebnis unserer kulturellen Evolution. Eine vergleichbar animative Anmache kommt auch in der übrigen Natur vor. Sie arbeitet hier mit einem besonders bewährten Stilmittel der Übertreibung, nämlich einer attraktiven und offenbar unwiderstehlichen Attrappe.

Überall, wo wilde Orchideen vorkommen, gibt es auch einzelne Arten, deren Blüten wie die hübsch proportionierten Weibchen be-

stimmter Wildbienen aussehen. In der heimischen Flora entwickeln beispielsweise die Fliegen- und die Hummel-Ragwurz solche hinreißenden Hingucker, für die sich die Männchen ausgesuchter, nicht Staaten bildender Bienenarten begeistern. Optisch und geruchlich total betört, halten sie die schmucken Orchideenblüten tatsächlich für Paarungspartnerinnen. Dabei passt aber auch wirklich alles: Größe, Umriss und Behaarung sind bereits erstaunliche Anpassungen im Erscheinungsbild der Ragwurz-Blüten, aber noch faszinierender ist, dass sie zusätzlich antörnende Düfte verströmen, die den arttypischen Sexuallockstoffen der angelockten Wildbienen raffiniert nachempfunden sind. Die angelockten Bienenmännchen sind dadurch so beglückt, dass sie auf der Blüte sogar heftige Paarungsversuche unternehmen. Die Ragwurz-Blüte nimmt die Zudringlichkeiten indessen reichlich gelassen hin und klebt ihrem Besucher bei der hitzigen Aktion lediglich ihre beiden Pollenpaketchen für den Transport in die Nachbarschaft an den Kopf. Nach aussichtslosen Minuten heben die leicht frustrierten Bienenmännchen von der perfekten Attrappe ab, um ein paar Augenblicke später erneut den Reizen einer unbestäubten Schönen (Blüte) zu erliegen.

Warum fallen manche **BLÄTTER** erst im Frühjahr?

Alle Gehölze wechseln von Zeit zu Zeit ihre Belaubung aus. Besonders auffällig vollzieht sich dieser Wechsel bei den so genannten Sommergrünen – sie tragen funktionstüchtige Blätter nur vom Frühjahr bis zum herbstlichen Blattfall.

Die im Spätsommer spürbar abnehmende Tageslänge ist das entscheidende Signal, welches die Blätter stofflich darauf vorbereitet, wenige Wochen später zum Abfall zu werden. Auch die Immergrünen tauschen ihre Blattbesatzung aus, nur geschieht das bei den betreffenden Arten gänzlich unspektakulär und meist unabhängig von der Jahreszeit.

Beim Wandern durch den Winterwald sieht man häufig Laubbäume, deren Blätter braun und vertrocknet sind, aber nicht zu Boden geschickt wurden. Besonders bei jungen Hainbuchen und Stiel-Eichen ist das Phänomen verbreitet, aber auch bei sehr alten Rot-Buchen zu sehen. Solche Arten nennt man Winterhafter. Ihre Blätter fallen erst im folgenden Frühjahr ab, wenn sich an den Zweigenden neues Wachstum regt. Davon zu unterscheiden sind die Wintergrünen wie Liguster oder Feuerdorn. Bei diesen Arten sind die Blätter auch in der kalten Jahreszeit im Prinzip funktionsfähig und fallen erst ab, wenn sich im Frühling die neue Laubgeneration entfaltet. Der biologische Sinn für die Winterhafter- und Wintergrünen-Arten ist unklar. Ökologisch vorteilhaft ist der verzögerte Blattwurf allerdings für Kleintiere wie Singvögel. Sie finden nämlich im belaubten Gezweig Schutz und Verstecke.

Gehen auch **BLÄTTER** schlafen?

Haben Sie schon einmal nachts mit der Taschenlampe einen Rasen abgeleuchtet oder das Bohnenbeet im Mondschein betrachtet? Sie werden eine erstaunliche Beobachtung machen: Der Klee im Rasen und die Bohnen an der Stange sehen total schlaff aus, obwohl sie am Nachmittag noch voll im Saft standen. Der Grund für das veränderte Aussehen ist eine äußerst seltsame Schlafbewegung der Blätter. Täglich wiederholt sich das Schauspiel mit der Zuverlässigkeit einer Uhr: Tagsüber sind die drei Fiederblätter einer Kleepflanze flach und gerade ausgebreitet, während sie sich nach Einbruch der Dunkelheit einfalten und nach unten klappen. Ähnlich verfahren auch die Busch- und Stangenbohnen. Robinien und Sauerklee lassen ebenfalls solche auffälligen Falt- und Klappbewegungen ablaufen und im Dunkeln ihre Blattfiedern durchhängen. Mit dieser Bewegung kehren die Blattorgane jede Nacht wieder zu einer Stellung zurück, die sie kurz nach dem Ende ihrer Knospenzeit schon einmal eingenommen haben. Motor der auffallenden Bewegung sind die Zellen an der Basis der beteiligten oder ausführenden Blattorgane, deren Binnendruck sich tagesperiodisch ändert und damit eine Positionsveränderung der betreffenden Organe einleitet. Diese Zellgruppen wirken damit gleichsam wie hydraulisch gesteuerte Scharniergelenke – die resultierenden Bewegungen erfolgen jeweils nur in einer Achsenrichtung. Während man den Bewegungsablauf und seine genaue Steuerung bis ins Detail kennt, bleibt der ökologische Sinn der seltsamen tagesrhythmischen Schlafbewegung nach wie vor unklar.

.. Wie bleiben hauchdünne BLÄTTER so toll in Form?

Fast so groß wie zwei ausgestreckte Handflächen wird das voll entfaltete Laubblatt eines Spitz-Ahorns. Und noch erstaunlicher: Es lässt sich, obwohl eigentlich nur hauchdünn, nicht einfach lappig hängen wie eine frisch geschnittene Schinkenscheibe, sondern steht gleichsam in Paradehaltung waagerecht vom Zweig ab. Was die Sache technisch noch aufregender macht – es ist dabei nur an einem fingerlangen Blattstiel von höchstens zwei bis drei Millimeter Durchmesser befestigt. Die statische Leistung, die hinter diesem Arrangement steckt, wird erst deutlich, wenn man einmal versucht, ein Garagentor an einem Besenstiel festzunageln und so in die Luft zu heben.

Die in der Tat erstaunliche Formbeständigkeit auch eines großflächigen Laubblattes ergibt sich aus zwei konstruktiven Besonderheiten, die so in vergleichbarer Weise auch in der Architektur eingesetzt werden. Zum einen fallen in den Blättern die kräftigenden Blattnerven auf, die man fallweise auch Blattadern oder Blattrippen nennt. Der gar nicht so üble Begriff Blattader verweist auf die darin erfolgende Stoffleitung, nämlich Wasser aus den Wurzeln zum Blatt und neu gebildeter Zucker aus den Blattgeweben zurück in das Geäst. Andererseits sind die Leitbahnen durch Holzsubstanz ausgesteift und erfüllen damit wie ein Gerippe statische Aufgaben, vergleichbar den Spanten im Bootsrumpf oder den Metallteilen im Regenschirm. Hinzu kommt aber noch eine beträchtliche Kraft durch das Wasser in den Blattzellen. Da jede Zelle lösliche Stoffe enthält, füllt sie sich nach einfachen physikalischen Gesetzen gleichsam automatisch mit Wasser. So wird die im Prinzip zarte Zellwand von innen aufgespannt wie ein aufgeblasener Luftballon, und das ebenso bis fast zum Platzen. Jede einzelne Blattzelle erreicht dabei einen Druck von über 20 bar. Zum Vergleich: Ein Lkw-Reifen wird nur auf etwa drei bar aufgepumpt. Die Summe dieser Zelleinzeldrucke verleiht dem Blattgewebe sozusagen auf hydraulischem Wege eine enorme Festigkeit und damit dem gesamten Flächentragwerk Blatt eine stabile Form. Erst wenn ein Blatt unter Wassermangel welkt, schlafft das Gebilde sichtlich ab, und auch die Blattgewebe folgen der Schwerkraft.

Woran erkennen sich BLAUMEISENmännchen und -weibchen untereinander?

Bei Blaumeisen und vielen anderen Vögeln sind die Geschlechter für unsere Augen äußerlich gleich, was eigentlich zu chaotischen Verhältnissen bei der Partnersuche führen müsste. Im UV-Licht dagegen wird der Geschlechtsdimorphismus auch bei Blaumeisen auffällig sichtbar: Die Männchen sind auf Anhieb zu erkennen, denn Vogelfedern reflektieren oder absorbieren UV-Licht in art- und geschlechtsspezifischer Weise. Selbst bei den Arten, deren Gefiederunterschiede für unser Auge bereits erkennbar sind, wird der Geschlechtsdimorphismus im UV-Licht deutlich auffälliger. Viele Vögel können ultraviolettes Licht als eigene Farbqualität wahrnehmen. Sie haben neben den auch uns eigenen drei Zapfentypen fürs Farbensehen einen weiteren, besonderen Zapfentyp in der Netzhaut, der speziell auf UV-Licht reagiert. Damit können sie die für uns unsichtbare UV-Farbe sehen. Welche Farbe Vögel sehen, wenn nur der für UV-Licht zuständige Zapfentyp nicht gereizt wird, bleibt uns möglicherweise für immer verborgen. Dagegen ist bekannt, dass die für uns weiß aussehenden Mistelbeeren UV absorbieren. Weil dadurch bei den Vögeln der vierte UV-Zapfentyp nicht gereizt wird, sehen sie die für uns weiß erscheinenden Mistelbeeren „vogelbunt".

UV-Sehen ermöglicht Blaumeisen und anderen somit nicht nur die optische Geschlechter-Unterscheidung. Turmfalken nutzen beispielsweise ihr UV-Sehen zur Mäusejagd. Weil Mäuse-Urin und -Kot ultraviolettes Licht (ungefähr 340 Nanometer) reflektieren und die Mäuse ihre Laufwege mit den Exkrementen verunreinigen, erkennen die Falken schon aus der Luft, ob hier Laufwege genutzt werden und es sich lohnt, über dem Feld zu rütteln und auf den Erzeuger der verräterischen Spur zu warten.

BLÜHEN manche Pflanzen nur einmal in ihrem Leben?

Blüten sind der Höhepunkt im Leben der Pflanzen – räumlich ebenso wie zeitlich. Aus dem rein vegetativen Gebilde, das bislang nur gerade Stängel und grüne Blätter hervorbrachte, wird ganz plötzlich ein blumiges Dekorationsstück: Die voll erblühte Blume, fallweise aufgedonnert wie ein Starmannequin, wird zum symbolträchtigen Blickfang und für die tierischen Bestäuber zum lohnenden Ausflugslokal mit Sonnenterrasse, Getränkebar und Knabbernahrung.

Pflanzen stimmen ihr Wachsen und Blühen genau auf die Umwelt ab. In Regionen mit ausgeprägter, klimagesteuerter Jahreszeitlichkeit bricht bereits das Frühjahr mit üppigem Blütenflor los, und der Farbenrausch währt mit vielen Blühwellen bis in den Herbst. Die Einpassung in die Jahreszeiten liegt den Pflanzen (wie auch allen übrigen Lebewesen) einfach in den Genen.

Auch die Blühhäufigkeit fällt höchst unterschiedlich aus. Erstaunlich viele Pflanzen blühen nur ein einziges Mal in ihrem Leben. Mit Abblühen und Fruchtreife setzen unumkehrbare Alterungsprozesse ein, die nach wenigen Wochen mit dem Absterben des Individuums enden. Alle einjährigen Pflanzenarten verhalten sich nach diesem Grundmuster, beispielsweise Klatsch-Mohn, Kornblume oder Kamille. Auch bei den Zweijährigen wie Weidenröschen, Nachtkerzen und Fingerhutarten ist das vorzeitige Ende unausweichlich programmiert, sobald die Blüte erledigt ist.

Warum machen BÖHNCHEN Tönchen?

Hülsenfrüchte, außer Erbsen und Linsen auch die Bohnen, gehören neben den Getreiden zu den ältesten Nutzpflanzen überhaupt und gelten vor allem wegen ihres relativ hohen Protein- und Mineralstoffgehalts als besonders nahrhaft. Daher werden sie weltweit in einer kaum noch zu überblickenden Sortenvielfalt angebaut. Der reichliche Konsum speziell von Bohnen erweist sich aber gewöhnlich als ziemlich windige Angelegenheit, da sich Blähungen und bei manchen Betroffenen sogar regelrechte Koliken einstellen können. Ursache für die folgenreiche Verdauung sind vor allem spezielle Kohlenhydrate von mittlerer Kettenlänge, die ebenfalls zur stofflichen Ausstattung der Bohnen gehören. Diese Oligosaccharide genannten Stoffe können von unseren Darmenzymen nicht einfach aufgeschlossen und stillschweigend abgebaut werden, sondern verbleiben für spezielle Darmbakterien. Die hilfreichen Winzlinge, die im Darm übrigens in deutlich höherer Anzahl vorhanden sind, als wir selbst eigene Körperzellen besitzen, zersetzen die widerspenstigen Kohlenhydrate durch Gärungsstoffwechsel und

dabei entstehen eben mengenweise anrüchige Gase – etwa die zwölffache Menge im Vergleich zum normalen Abbaubetrieb. Seit geraumer Zeit versuchen daher die Pflanzenzüchter, den Bohnen ihre Oligosaccharide abzugewöhnen, was mit einer leichteren und vor allem abgasfreien Verdaulichkeit einherginge.

Warum glänzen **BUTTER**blumen?

Knallgelb und parademäßig wie auf Hochglanz poliert – so zeigen sich im Frühjahr die Blütenblätter etlicher Pflanzenarten, darunter beispielsweise das Scharbockskraut und die Hahnenfußarten. Weil sie in ihrem betonten Fettglanz aussehen wie ein leicht erwärmtes Butterflöckchen, nennt der Volksmund sie auch Butterblumen. Nun könnte man meinen, die Blütenblätter erreichen diesen auffälligen Glanzeffekt durch eine entsprechende Ausstattung ihrer Oberflächen. Tatsächlich liegt die Ursache aber eine Ebene tiefer: Die Zellen der mittleren Blütenblattschicht tragen nicht nur die Farbstoffe, sondern sind auch noch randvoll angefüllt mit stark Licht brechenden und streuenden Stärkekörnern – mit Jodtinktur, dem typischen Nachweisreagenz für pflanzliche Stärke, färben sich die Glanzblätter sofort dunkelblau bis schwarz an.

Die spiegelblank herausgeputzten Blüten wirken demnach wie kleine Reflektoren, und genau darin liegt ihre Aufgabe. Sie reflektieren das auftreffende Sonnenlicht und daraus vor allem die kurzwelligen, für unsere Augen jedoch unsichtbaren UV-Strahlen. Viele Insekten können diese kurzwelligen Anteile des Lichtes allerdings wahrnehmen. Auf UV-tüchtige Bestäuberinsekten wirken die Hochglanzblüten daher wie eine besonders grelle und heftig anmachende Leuchtreklame. Sie fallen damit umso mehr auf, weil Insektenaugen das saftige Grün einer Wiese anders wahrnehmen als wir und nur ziemlich langweilig grau sehen.

Gibt es Tiere mit einem DRITTEN AUGE?

Das „dritte Auge“ wird Menschen mit seherischen Fähigkeiten zugeschrieben. Anatomisch nachweisbar ist es als Teil eines komplizierten Organs oberhalb des Gehirns vieler Echsen. Bei diesen wechselwarmen Tieren ist das „dritte Auge“ an der Regulation der Körpertemperatur beteiligt. Man nimmt an, dass durch das Eindringen von Licht zu diesem Organ Winterschlaf und jahreszeitlich bedingte Werbung kontrolliert werden.

Am bekanntesten wurde das dritte Auge bei den Brückenechsen, die auch Tuateras genannt werden. Trotz ihres ähnlichen Aussehens sind diese Tiere keine Echsen, sondern die einzigen lebenden Vertreter der Ordnung Schnabelköpfe (Rhynchocephalia). Dies ist eine Gruppe kleiner bis mittelgroßer Reptilien, die unsere Erde schon vor den Dinosauriern vor 225 bis 110 Millionen Jahren bevölkerten. Vor 60 Millionen Jahren verschwanden die Schnabelköpfe bis auf zwei Arten, die heute nur noch auf 30 kleinen, oft sturmumtosten Eilanden Neuseelands leben.

Welche Funktion das dritte Auge der Brückenechsen hat, konnte im Gegensatz zu der Funktion der dritten Echsenaugen noch nicht herausgefunden werden. Es sitzt auf dem Gehirn und verfügt über eine Linse, eine Netzhaut und eine Nervenverbindung zum Gehirn.

Welches Tier DUFTET am stärksten?

Weil Düfte für viele Säugetiere – einschließlich des Menschen – Signale sind und bewusst bzw. unbewusst ein „Ich kann dich gut riechen“ gleichgesetzt wird mit „Ich mag dich, du kannst bei mir landen“, boomt die Parfümindustrie und sucht nach den passenden Stoffen. Unerreicht als stärkster natürlicher Duftstoff bleibt der von den männlichen Moschustieren in Drüsen produzierte Moschus, der den Östruszyklus der Weibchen beeinflusst. Bereits eine winzige Menge dieser Substanz reicht aus, um über 50.000 Kubikmeter Luft zu parfümieren. Schon in einer Verdünnung von 1:3.000 kann das Sekret wahrgenommen werden. Für den durchdringenden Geruch der Moschustiere ist Muscon zuständig, ein Keton (3-Methylcyclopentadecanon). Die Moschusdrüse der zu den Paarhufern zählenden Art besteht aus einer äußeren Region, in der das Moschus produziert wird und einem Beutel zur Aufbewahrung und Reife des Sekrets. Die Bedeutung des Moschus für die Parfümindustrie liegt in seiner Beständigkeit. Als Fixativ eingesetzt, verbessert Moschus das Parfüm während der Reifung. Auch Seifen, Duftmischungen und Mottenkugeln enthalten oft einen Moschus-Zusatz. Im Fernen Osten spielte Moschus seit jeher eine besondere Rolle in der traditionellen asiatischen Medizin. Heute wird er zur Behandlung von Asthma, Epilepsie, Hysterie und anderen nervösen Beschwerden ebenso eingesetzt wie bei

Lungenentzündung, Typhus und Bronchitis. Mitte der 1980er Jahre wurde Moschus mit bis zu 65 US-$/Gramm gehandelt und lag damit um ein Vielfaches über dem Goldpreis.
Vorwiegend in den bewaldeten alpinen Buschregionen Mittel- und Ostasiens kommen vier Arten von Moschustieren vor. Sie sind durch starke Verfolgung und Wilderei vom Rückgang bedroht. Der Moschushirsch gilt bereits als gefährdet. Heutzutage lässt sich Moschus von Tieren gewinnen, die in großen chinesischen Zuchtfarmen gehalten werden, ohne sie zu töten. Allerdings hat dieser Moschus eine geringere Qualität, und Wilderei ist leider immer noch einträglicher als die Zucht. Zudem haben grasende Viehherden südlich des Himalaya bereits 70 Prozent des einstigen Lebensraumes der Moschustiere vernichtet.

Welche ist die „deutsche" **EICHE?**

Wegen ihres harten, dauerhaften Holzes gilt sie seit der griechischen und römischen Antike als Zitat von Beharrlichkeit, Kraft oder Unverwüstlichkeit und war angesichts ihrer imposanten Gestalt schon bei vielen indogermanischen Völkern ein heiliger Baum. Zur „deutschen" Eiche, mit der spezifischen Konnotation des Heldenhaften, wurde sie in Deutschland erst im 18. Jahrhundert, zur botanischen Beigabe von Siegerkränzen und militärischen Dekorationen gar erst im Laufe des 19. Jahrhunderts. Aber seltsam genug: Während fast alle heimischen Laub- und Nadelbaumarten ihr literarisches Denkmal haben, hat man die Eiche nahezu übergangen. Goethe widmete dem fernöstlichen Ginkgo ein paar Gedichtzeilen, Ludwig Uhland schrieb über Linden, Hugo von Hofmannsthal über Ahorn und Conrad Ferdinand Meyer über Kastanien. Nicht einmal Annette von Droste-Hülshoff, in deren Œuvre fast die gesamte Gehölzflora Westfalens auftritt, nahm die Eiche genauer in den Blick. Lediglich bei Heinrich

Heine findet sich eine versteckte Zeile über die deutsche Eiche. Aber welche Eiche denn eigentlich?

Das Baum-Bestimmungsbuch orientiert darüber, dass die bei Forstleuten oft vereinfacht Eichen genannten Bäume tatsächlich zwei verschiedene Spezies darstellen, die im Allgemeinen anhand eindeutiger Merkmale klar zu unterscheiden sind: Die besonders symbolträchtige, weil auffallend knorrige und wuchtige ist die Stiel-Eiche *(Quercus robur)*, somit der aussichtsreichste Kandidat für Wotans- oder sonstige Themenbäume und ein ausgesprochener Vertreter vor allem der Tiefländer. Die Trauben-Eiche *(Quercus petraea)* ist dagegen geradschäftig und bevorzugt die trockenen Böden des Hügel- und Berglandes. Im gemeinsamen Verbreitungsgebiet gibt es fruchtbare Bastarde dieser beiden Arten mit vielen intermediären Merkmalen, die nicht allzu klar dem einen oder anderen Formenkreis zuzuordnen sind.

In offizieller Emblem-Mission tritt nun meist nicht die urige und vermeintlich so germanische Stiel-Eiche auf, sondern ihre Schwesterart mit den angenähert spiegelsymmetrischen, am Grunde keilförmig verschmälerten Blättern. So war es beispielsweise auf den DM-Münzen vom Pfennig- bis zum Markstück. Die neuen deutschen Euromünzen der in Stahl geprägten, mit Kupferauflage versehenen Stückelungen (1, 2 und 5 Cent) stiften dagegen einige Verwirrung: Die Belaubung der darauf dargestellten Eiche weist eindeutig die Züge der Trauben-Eiche auf, die – gestaltlich so übrigens nicht korrekte – Eichelfrucht allerdings unzweifelhaft die Kennzeichen der Stiel-Eiche. Nun mag überdies die kritische Anfrage erlaubt sein, ob denn die eine oder andere Eichenart überhaupt als Nationalsymbol taugt. Der Blick auf die Verbreitungskarten beider Arten stimmt dabei nachdenklich, denn beide Arten haben einen eher kontinentalen Verbreitungsschwerpunkt. Die Trauben-Eiche kommt von Nordspanien bis zur Krim vor, die symbolbeladene Stiel-Eiche sogar bis zur mittleren Wolga und zum Ural. Deutschland befindet sich also eher in nordwestlicher Randlage der jeweiligen Areale. Viel geeigneter für die kupferfarbenen deutschen Centstück-Rückseiten wäre statt einer der beiden Eichenarten die Rot-Buche *(Fagus sylvatica)* gewesen, von der sogar im europäischen Maßstab die wichtigsten und großflächigsten Vorkommen im Gebiet der Bundesrepublik liegen.

Sind ENGEL zoologisch gesehen ein verkannter Tiertyp?

Niemand hat sie je wirklich gesehen, aber dennoch gibt es genügend Bilder und Skulpturen dieser himmlischen Geistwesen, die zur Überwindung der beträchtlichen Distanzen zwischen luftigen Höhen und irdischen Aktionsorten mit befiederten Flügeln ausgestattet sind. Mindestens seit dem Mittelalter sind sie Objekt der Kunst. Die Meister hochgotischer Altäre haben sie mit dem schnittig-schlanken Flügelprofil des Langstreckenziehers vom Typ Schwalbe dargestellt, während sie in der italienischen Renaissance eher die Konturen gestutzter Masthähnchen annahmen. Wie auch die Flügel im Detail aussehen mögen – Engel weisen damit zunächst ganz eindeutig Vogelmerkmale auf.

Vögel? Da runzelt der Biologe sogleich die Stirn, denn mit ihrem Flügelpaar passen Engel tatsächlich in keinen bekannten Wirbeltierbauplan. Alle Landwirbeltiere, die den Luftraum erobert haben, besitzen nämlich nur zwei Extremitätenpaare. Ihre Flügel sind jeweils Umbildungen der Vorderextremität, bei den Vögeln des kompletten Arms und bei den Fledermäusen der Hände. Engel tragen ihre Flügel jedoch zusätzlich zu den Armen mit Händen, und das steht klar im Widerspruch zu allen üblichen Körperbaukonzepten von Fliegern und Flatterern.

Nun gibt es aber in unserer Fauna weitere geflügelte Wesen, die sich äußerst erfolgreich im Luftraum bewegen, beispielsweise Libellen oder Hummeln. Bei ihnen sind die Flügel unabhängig von den Lauf- und Greifextremitäten entwickelt und entstehen jeweils als breite Hautfalten der Rückenseite. So muss es auch bei den Engeln sein, und deshalb wird man sie nach zoologischen Kriterien wohl bei den Insekten einordnen – am ehesten bei den Zweiflüglern, zu denen beispielsweise auch die Stubenfliege gehört.

Können Früchte EXPLODIEREN?

In der Frage, wie man Früchte oder Samen am wirkungsvollsten auf den Weg bringt, haben sich die Pflanzen allerhand trickreiche Varianten einfallen lassen. Manche verhaken sich in Gefieder, Fell oder Kleidung, andere sind als Fliegende Teppiche unterwegs oder driften wie Luftmatratzen auf Gewässern. Noch spektakulärer verfahren Pflanzenarten, die ihre Samen nach bester Artilleriemanier abschießen. Das bekannte Kräutchen-rühr-mich-nicht-an *(Impatiens noli-tangere)*, eine der drei (jetzt) heimischen Springkrautarten, entwickelt in seinen schlanken Kapselfrüchten einen beachtlichen Druck. Zur Reifezeit genügt ein vorsichtiges Berühren – die Fruchtwand hält dem Innendruck nicht mehr Stand, reißt schlagartig auseinander und katapultiert die Samen

bis etwa drei Meter davon. Der botanische Gattungsname der Springkrautarten lautet *Impatiens*, nach dem lateinischen Wort für unduldsam. Eine Verwandte des Wiesen-Schaumkrauts, das unscheinbare Spring-Schaumkraut *(Cardamine impatiens)*, entwickelt ebenfalls durch Druckentladung zerberstende Früchte mit beachtlicher Streuweite über einen Meter. Noch eindrucksvoller feuert die im Mittelmeergebiet heimische Spritzgurke *(Ecballium elaterium)* nach Art einer Haubitze mit einem vernehmlichen Rülpser ihr gesamtes Innenleben ab.

Müssen **FISCHE** Wasser trinken?

Fast jeder von uns hat schon einmal Fischen im Aquarium zugeschaut. Wenn Fische ihren Mund beim Schwimmen und Fressen öffnen und schließen, können wir sehen, dass natürlich auch Wasser in ihren Schlund strömt. Da stellt sich die berechtigte Frage, ob Fische Wasser trinken (müssen). Wenn wir die Trinkfrage spontan beantworten müssten, kämen wohl die meisten von uns aufgrund eigener Urlaubserlebnisse zu dem Schluss, dass Meerwasser kaum trinkbar ist. Demnach würden zumindest Meeresfische nicht trinken müssen. Doch die Situation stellt sich in Wirklichkeit umgekehrt dar: Meerwasserfische trinken aktiv Salzwasser, während Süßwasserfische zwar auch trinken, aber nur „ungewollt" bei der Nahrungsaufnahme und über die Kiemen.

Die permanente Aufnahme von Wasser ist für Süßwasserfische sogar problematisch. Denn deren Körperflüssigkeit ist im Vergleich zu dem Medium, in dem sie schwimmen, hoch konzentriert mit Salzen versetzt. Und Salze ziehen bekanntlich Wasser an. Um sich vor zu großer Wasseraufnahme über ihre Körperoberfläche zu schützen, produzieren Süßwasserfische daher einen hoch verdünnten, mit viel Wasser angereicherten Urin.

Weil bei Meerwasserfischen hingegen der Salzgehalt ihrer Körperflüssigkeiten niedriger ist als der des Meerwassers, besteht für sie die permanente Gefahr auszutrocknen. Meerwasserfische besorgen sich daher durch Trinken das fehlende Wasser. Allerdings müssen sie die im Meerwasser gelösten Salze entfernen – und das geht so: Ihre „Entsalzungsanlage“ funktioniert so, dass die Salze zunächst im Blut aufgenommen und zu den Kiemen transportiert werden. Dort sind spezielle Chloridzellen für die Ausscheidung des Natriumchlorids (Kochsalz) zuständig. Sie scheiden es in Form von Ammoniumionen aus, während die anderen Salze über den Urin und Kot der Meerwasserfische wieder ausgeschieden werden. Süßwasser meiden und Salzwasser trinken – ein für uns scheinbarer Widerspruch aus dem Leben der Fische, der erst durch die physiologisch-chemischen Gesetzmäßigkeiten verständlich wird. Womit auch der Fisch im Wasser nicht völlig frei lebt, sondern sich den Bedingungen seines Lebensraumes anpassen muss, wollte er nicht sehr schnell auf dem Trockenen landen!

Können FISCHE wirklich fliegen?

Zumindest im Film hat man schon Fliegende Fische gesehen. Wenn plötzlich neben einem Schiff ein ganzer Schwarm glitzernder, heringsähnlicher Fische aus dem Meer hervorschnellt, sekundenlang über der Wasseroberfläche schwebt, um dann erst nach vielen Metern wieder abzutauchen, wirkt dieser Anblick fast unwirklich. Vor allem in den tropisch-warmen Meeren vorkommend können die Mitglieder der Familie Exocoetidae, Fliegende Fische, sich mit schnellem Flattern ihres Schwanzes mit einer Geschwindigkeit von bis zu 30 Stundenkilometern durch die Luft katapultieren. Ihre tragflächenähnlich vergrößerten Brustflossen erlauben ihnen einen mehr oder weniger langen Gleitflug. Weil sie ihre Brustflossen zwar fächerartig verbreitern, aber nicht wie Vogel- oder Schmetterlingsflügel bewegen können, reihen sich Fliegende Fische in die Garde der Gleitflieger wie Flugdrache, Gleithörnchen oder Gleitbeutler ein. Je nach Wind- und Seebedingungen fallen ihre „Flugstrecken" unterschiedlich lang aus. Bei Gegenwind und günstigen Aufwindverhältnissen, etwa entlang von Schiffswänden, können die Fische bis zu zehn Meter Höhe erreichen und dabei in 30 bis 40 Sekunden eine bis zu 400 Meter lange Strecke gleitfliegend zurücklegen. Manch einer der Flieger ist dabei schon versehentlich auf dem Trockenen, d.h. auf einem Schiffsdeck, gelandet. Wenn die Tiere wieder aufs Wasser zurücksinken, müssen sie nicht unbedingt gleich wieder untertauchen, um weiterzuschwimmen. Mit ihrem stark verlängerten unteren Schwanzflossenlappen gelingt es ihnen, durch rasches seitliches Schwanzschlagen sofort wieder so viel Geschwindigkeit aufzunehmen, um zu einem zweiten oder weiteren Gleitflügen durchzustarten. Die Gleitflugtechnik hilft den Schwarmfischen, ihren zahlreichen Feinden zu entgehen. Beim Schwim-

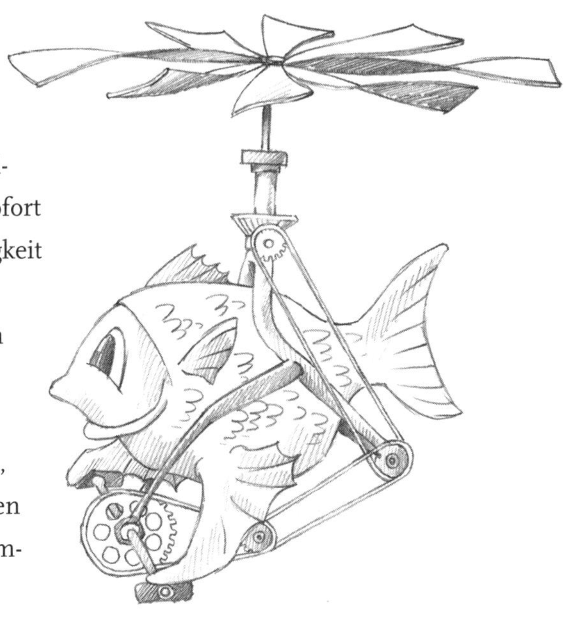

men falten Fliegende Fische ihre Brustflossen einfach zusammen. Auch der in westafrikanischen Flusssystemen lebende Afrikanische Schmetterlingsfisch *(Pantodon buchholzi)* beherrscht dank seiner großen Brustflossen Schwebesprünge im Luftraum. Noch vielseitiger sind die nur wenige Zentimeter „großen" südamerikanischen Beilbauchfische (Familie Gasteropetecidae). Sie können mit ihren Brustflossen kolibriähnlich schlagen und mit einigem „Anlauf" wenige Meter flossenschlagend durch die Luft fliegen. Das Brustbein der „Beilbäuche" funktioniert dabei wie der Kiel eines modernen Gleitbootes und hilft ihnen, sich bei höherer Geschwindigkeit vom Wasser zu lösen. Mit ihrer Flugtechnik gelingt den Beilbauchfischen der Fang fliegender Insekten. Die Winzlinge entkommen so aber auch leichter ihren Räubern. Schmetterlingsfische und Beilbäuche lassen sich ganz gut im Aquarium halten. Wer die Luftikusse allerdings nicht nach Luft schnappend finden will, muss den Behälter gut zudecken.

Wie schnell können FISCHE schwimmen?

Schnelle Schwimmer erkennt man am Körperbau. Zu den allerschnellsten unter den Fischen zählen zweifellos die Makrelen. Die reinen Hochseebewohner unternehmen auf Nahrungssuche weite Wanderungen. Nur zur Laichzeit suchen einige Makrelenarten wie unsere Gewöhnliche Makrele oder die Thunfische küstennahe Flachgewässer auf, während andere, wie etwa Schwertfische, sich nie ins Flache begeben. Besonders schnell unterwegs sind Thunfische. Diese großen Meeresfische sind hervorragend an ihre ruhelos schwimmende Lebensweise angepasst. Ihr kräftiger Körper ist torpedoförmig geformt. Alle „Außenanlagen" dienen dazu, eine Wirbelbildung und damit eine Bremswirkung beim Durchschneiden des Wassers zu vermindern. Thunfischen fehlt die Schwimmblase.

Dafür enthält ihr Körper viel Öl, was ihnen vermehrten Auftrieb gewährt. Ungewöhnlich für kaltblütige Wirbeltiere ist, dass die zum schnellen Schwimmen aufgewendete Energie ihr Blut um einige Grad Celsius über die Temperatur des umgebenden Wassers erwärmt. Thunfische schwimmen sich also warm. Bei Sprints von jeweils zehn bis 20 Sekunden können sie 70 bis 80 Kilometer pro Stunde erreichen. Noch schneller unterwegs ist nur der große Fächerfisch *(Istiophorus platyperus)*, ein weiterer Makrelenverwandter. Auf einer geraden Strecke legte ein Exemplar 91 Meter in gestoppten drei Sekunden zurück, was einer Geschwindigkeit von 109 Stundenkilometern entspricht. Das herausragende Merkmal dieses schwimmenden „Torpedos" ist seine hohe, segelartige erste Rückenflosse.
Zu den begehrtesten „Sportfischen" unter den Schnellschwimmern zählen die Marline. Diese Sprinter und Springer stürzen sich mit Tempo 80 und 40-Meter-Sprüngen in Fischschwärme, schlagen dabei mit ihren speerförmigen Schnäbeln wild um sich und verspeisen die getroffenen, zappelnden Opfer.
Kein Geringerer als Ernest Hemingway setzte mit seiner Schilderung in „Der alte Mann und das Meer" dem Marlin-Fang ein literarisches Denkmal.

Fangen FLEDERMÄUSE Fische?

Von den etwa 1.000 weltweit vorkommenden Fledermausarten ernähren sich 70 Prozent aller Arten von Insekten und anderen Gliedertieren. Ein Drittel der Fledertiere, vor allem die Flughunde, aber auch einige tropische Kleinfledermäuse, sind bevorzugte oder ausschließliche Vegetarier, bei denen Früchte, Nektar und Pollen ganz oben auf dem Speiseplan stehen. Daneben tun drei Arten echter Vampirfledermäuse das, was gruselfilmgeprägten Menschen oft als erstes zu Fledermäusen einfällt: Blutsaugen. Und während einige wenige recht große und kräftige Fledermausarten in Australien, Asien und Südamerika hinter Landwirbeltieren inklusive kleinerer Artverwandten herjagen, gibt es sie tatsächlich auch, die Fledermausfischer.

Darunter ist das Große Hasenmaul *(Noctilio leporinus)* sogar ein ausgesprochener „Fischereiexperte". Im tropischen Mittel- und Südamerika sowie in der Karibik lebend, lokalisiert das Hasenmaul anhand der Kräuselung der Wasseroberfläche kleine Fischchen, die dicht unter der Wasseroberfläche schwimmen. Ist so ein Fisch ent-

deckt, taucht die Fledermaus ihre großen, bekrallten Füße wie zwei Enterhaken ins Wasser und spießt damit die ahnungslose Beute auf. Flügel und Schwanzflughaut stören bei diesem Eintauchmanöver nicht. Denn die Armflughaut reicht dem Hasenmaul nur bis zum Knie, und die Schwanzflughaut wird beim Eintauchen der Beine ins Wasser mit Hilfe besonders kräftig ausgebildeter Spornbeine gegen die Unterschenkel angelegt.

Sofort nach dem Aufspießen führt die Fledermaus ihren Fang zum Mund. Während sie kleinere Beute noch im Flug verzehrt, schiebt sie bis zu acht Zentimeter große Fischchen in ihre Backentasche und frisst diese an einem Fressplatz hängend. Neben Fischen jagt das Große Hasenmaul auch nach kleinen Krebstieren und Wasserinsekten.

Seine nahe verwandte „Kleinausgabe", das Kleine Hasenmaul *(Noctilio albiventris)*, lebt hauptsächlich von Insekten, die sie in der Luft oder auf der Wasseroberfläche erbeutet – ist vermutlich aber auch ein Fischfänger, der vom südlichen Mexiko bis in die nördlichen Teile von Argentinien und Peru sowie im östlichen Brasilien zur Jagd über und auf dem Wasser fliegt.

Der seltsam klingende deutsche Name dieser beiden Arten rührt von ihrem Gesichtsausdruck her: Weil eine senkrechte Hautfalte die Oberlippe teilt, erinnern die Hasenmäuler an „Mümmelmänner". Nicht nur ihre Fußwerkzeuge und Flughäute sind besonders „fischereitauglich". Auch das gelbe bis orange Fell des Großen Hasenmauls ist an die besondere Ernährungsweise seines Trägers angepasst, nämlich kurz und wasserabstoßend.

Doch wir brauchen nicht einmal unbedingt nach Südamerika zu blicken, um fischfangende Fledermäuse zu erleben. Auch die bei uns weit verbreitete Wasserfledermaus *(Myotis daubentonii)* kann es. Zwar nicht so exklusiv und gut angepasst wie die Hasenmäuler, die im Englischen treffend „fisherman bats" genannt werden, greifen die kleinen Füßchen unserer heimischen Wasserfledermaus im Tiefflug nicht nur nach Insekten auf dem Wasser, sondern halten gelegentlich auch ein winziges Fischchen fest. Und noch eine weitere Art, *Myotis vivesi*, ist im Golf von Kalifornien auf Fischfang unterwegs – dort allerdings als Meeresfischer.

Wie schnell ist die FLIEGE im ICE?

Der Intercity Express ist das schnellste Paradepferd der Deutschen Bahn. Streckenweise schießt er mit 300 Kilometern pro Stunde durch die Landschaft, die bei solchen Geschwindigkeiten als solche aber kaum noch wahrnehmbar ist. Nehmen wir einmal an, zu den Fahrgästen gehört auch eine normale Stubenfliege, die im rollenden Großraumwagen ihre eigene Flugbahn zieht. Ist sie – vorausgesetzt, sie fliegt in Fahrtrichtung – schneller als der ICE oder tatsächlich nur so schnell wie der unentwegte Lampenumkreiser zu Hause über dem Esstisch?

Die zutreffende Antwort hängt vom betrachteten Bezugssystem ab. In Bezug auf den ICE-Großraumwagen ist die Fliege mit ihrer normalen Fluggeschwindigkeit unterwegs. Die beträgt, wenn das Insekt keine betonte Eile hat, rund sieben Kilometer in der Stunde. Bezogen auf einen Beobachter in der Gegend, die der ICE gerade durchrast, gilt das so genannte Newton'sche Additionstheorem: Die Fliege ist darin tatsächlich mit 300 plus sieben Kilometern je Stunde unterwegs und damit klar schneller als der Zug. Fliegt sie übrigens gegen die Fahrtrichtung, ist sie entsprechend langsamer. Solange der ICE mit gleich bleibender Geschwindigkeit fährt und nicht gerade in eine Kurve biegt, bekommt die Fliege das Newton'sche Theorem übrigens gar nicht zu spüren. Nur beim Beschleunigen oder Bremsen des Zuges muss das Insekt seine eigenen Flugmanöver anpassen.

Das Newton'sche Additionstheorem ist allerdings ein physikalischer Sonderfall. Lässt man den ICE im Modellexperiment mit Lichtgeschwindigkeit (also 300.000 Kilometer in der Sekunde) davonbrausen, wäre die Fliege beim Flugmanöver in Fahrtrichtung schneller als das Licht. Seit 1905 weiß man allerdings, dass dies unmöglich ist. Der geniale Albert Einstein fand nämlich mit seiner Speziellen Relativitätstheorie heraus, dass die Lichtgeschwindigkeit in allen Bezugssystemen unabhängig von der Bewegung der Lichtquelle und des Beobachters ist.

Gibt es FLIEGEN, die in unserer Nase bohren?

Als menschlicher Nasenbohrer bohrt man wohl ausschließlich (?) in seinem eigenen Riechorgan. Andere „Nasenbohrer" suchen dagegen gezielt fremde Nasenlöcher auf, denn es gibt sie tatsächlich: Dasselfliegen, genauer Nasendasseln, nisten in der Nase. Bei uns ist die Schaf-Nasendassel *(Oestrus ovis)* recht häufig. Die Pferde-Nasendassel *(Rhinoestrus purpureus)* kommt vor allem in Ost- und Südeuropa bis Nordafrika vor. Bei beiden Arten spritzen die Fliegenweibchen im Flug und jeder Bewegung des Wirtskopfes folgend ihre Lärvchen in die Nase, aber auch in die Augen des Opfers. Die sind kurz zuvor im Fliegenweibchen aus ihren Eiern geschlüpft. Die etwa 500 Larven müssen sehr rasch nach dem Schlüpfen eingeschossen werden, denn sonst würden die gefräßigen Maden mit dem Verzehr der eigenen Mutter beginnen. Obwohl der Wirt bei dieser Attacke auf seine Nase mehrfach heftig niest, verbleiben in der Regel 50 bis 300 Larven in seiner Schleimhaut. Die übers Auge eingeschossenen kleinen Larven gelangen durch den Tränen-Nasengang zur Nasenhöhle. Allesamt hakeln sie sich in der Nasenschleimhaut fest und ernähren sich dort von zerstörtem Gewebe und Gewebeflüssigkeit. Ihr Bohren lässt den Wirt zusehends unruhiger werden, so dass der Nasendassel-Befall auch als „falsche Drehkrankheit" bezeichnet wird. Kurz vor ihrer Verpuppung wandern die satten Maden wieder in die Nüstern, um sich dort herausniesen oder fallen zu lassen. Nach zwei- bis sechswöchiger Verpuppungszeit im Boden schlüpfen die fertigen Fliegen, deren befruchtete Weibchen dann wieder auf Nasensuche fliegen.

Beide Dasselfliegen befallen auch uns Menschen. Vor allem dann, wenn wir uns in der Nähe unserer Haustiere aufhalten, werden unsere Augen gelegentlich zur Zielscheibe der Nasendasseln. Ihre mit zahlreichen Dörnchen besetzten Larven können auf den Bindehäuten unseres Auges heftige Schmerzen hervorrufen. Bis auf das Verursachen starker Augenentzündungen haben die Larven von der „Einquartierung" in unser Sehorgan keinerlei Gewinn. Ein Wachstum bis zur Verpuppungsreife gelingt ihnen bei uns nicht. Deshalb: eigenes Nasenbohren, na ja, fremde Nasenbohrer, nein danke!

Warum sind FLÖHE schlank, Läuse hingegen platt?

Flöhe, zur Insektenordnung Siphonaptera gehörend, besitzen einen seitlich stark abgeflachten Körper und sind stets ungeflügelt. Der Körper der flügellosen Tierläuse aus der Ordnung Phthiraptera dagegen ist deutlich abgeflacht, um nicht zu sagen „platt". Die Körperform beider Tiergruppen ist ideal an ihre Lebensweise angepasst: Als Ektoparasiten sitzen die Vertreter beider Gruppen auf der Haut von Säugetieren und Vögeln, um sich dort von Blut, teilweise auch von Haut- und Federstückchen zu ernähren. Ob Floh oder Laus, für beide ist ein flacher Körper, ob stromlinienförmig oder platt, von Vorteil. Schließlich müssen sie sich zwischen Haaren, im Pelz oder im Federkleid ohne großen „Raumwiderstand" bewegen können.

Gehört man zu den „Körperflöhen" muss man vor allem zu großen Sprüngen fähig sein, um zum nächsten Wirt zu gelangen. Und das gelingt nicht, wenn man platt wie eine Laus, sondern nur, wenn man

schlank wie ein Floh daherkommt. Als Rekordspringer hat sich der eineinhalb bis drei Millimeter lange Katzenfloh erwiesen, der bis zu 34 Zentimeter hoch hüpfen kann. Solcherart Hochsprungleistung erfordert eine 20-mal größere Beschleunigung als der Abschuss einer Rakete – wobei „unser" Menschenfloh mit 33 Zentimeter Weitsprung- und 19,7 Zentimeter Hochsprungleistung auch nicht von schlechten Eltern ist!
Solche sportlichen Höchstleistungen brauchen Läuse für ihr Weiterkommen nicht. Kopf- und Kleiderlaus profitieren vom engen menschlichen Zusammenleben, oft verbunden mit schlechter Hygiene wie seltenem Waschen und nur gelegentlichem Kleiderwechseln. Die Filzlaus hat es unter den Läusen noch einfacher. Zwar ist sie auf Körperpartien beschränkt, an denen die Haare weniger dicht wachsen, dafür aber umso kräftiger sind. Dort, in der Achselregion, den Augenbrauen und Wimpern sowie vor allem im menschlichen Genitalbereich, fühlt sie sich mit ihren stark entwickelten Greifklauen und dem krabbenähnlichen Körper besonders wohl. Wenn sich zwei Menschen lieben, braucht die Filzlaus keine großen Sprünge zu machen, um von dem Schamhaar eines Trägers auf das des anderen überzuwechseln. Nicht umsonst ranken sich um diese Laus deshalb zahlreiche Witze und Anekdoten. Auch hat man sie mit vielen volkstümlichen Namen bedacht, unter anderem mit „Sackratte". Für Intimrasuren, die heute „in" zu sein scheinen, gibt es sicher mehrere Gründe: Wenn wir „frisch rasiert" der schönsten Nebensache der Welt frönen, ist das, was für uns möglicherweise gefühlsverstärkend wirkt, für Filzläuse wenig vorteilhaft.

F

Was ist dran an der FRAUEN-power?

Starke Frauen – schwache Männer: Dieses Bild vermitteln uns zunehmend Werbung und Berichterstattung. Gott sei Dank ist Frau heute selbstbewusster und selbstständiger als jemals zuvor – zumindest in unserem Kulturkreis. Dennoch sind beim Menschen und vielen anderen Arten die Männer im Schnitt größer und kräftiger als die weiblichen Mitglieder. Ob Größe allerdings immer mit Überlegenheit gegenüber dem Kleineren gleichzusetzen ist oder ob mit der Größe auch die Probleme wachsen, wäre zu hinterfragen.

Bei der Suche nach der Kombination starke Frauen/schwache Männer im Tierreich erscheint eine derartige Kräfteverteilung auf den ersten Blick eher ungewöhnlich. Tiermännchen sind nun einmal in der Regel größer und stärker. Schließlich investieren sie bei den meisten Arten weniger als die Weibchen in ihren Nachwuchs. Weil sie nur winzige Samenzellen produzieren, ist die männliche Reproduktionsrate beim Vorhandensein von genügend Weibchen kaum begrenzt. Durch Tragzeiten, aufwändige Eierproduktion und vielfach hohen Betreuungsaufwand für die Jungtiere sind Weibchen dagegen viel stärker eingeschränkt. Sie werden somit zur Schlüsselressource für den Nachwuchs, um die Männchen konkurrieren müssen. Letztere haben Vorteile, wenn sie in Körpergröße und Kraft oder auch in äußere Pracht (vom Geweih bis zum Balzgefieder) investieren, um in echten oder Schaukämpfen konkurrenzfähig zu sein. Sind die „starken" Männer auch noch Revierinhaber und verfügen damit über Nahrungsressourcen, wird den Weibchen die Investition in den Nachwuchs erheblich erleichtert. Denn sie müssen weniger in Auseinandersetzungen mit Geschlechtsgenossinnen um das knappe Gut Nahrung investieren.

Doch schauen wir uns mal bei „Sperbers" um. Diese eng mit dem größeren Habicht verwandten Greifvögel leben ausschließlich vom Beute schlagen. Vor allem sind die Überraschungsjäger hinter Kleinvögeln bis Sperlingsgröße, ganz selten hinter Kleinsäugern, her. Mit ihren kurzen, abgerundeten Flügeln und dem langen Steuerschwanz können Sperber auf Kurzstrecken enorm beschleunigen und zugleich äußerst wendig ihrer flüchtenden Beute hinterherjagen, die sie aus der Deckung heraus überraschend angreifen. Während der Brutzeit scheint bei dieser Greifvogelart eine geradezu klassische, uns

wohlbekannte Rollenverteilung vorzuliegen: Der Vater sorgt für die Ernährung von Frau und Kindern, indem er fast ausschließlich auf Beuteflug geht, während die Mutter praktisch allein „das Haus hütet", hier gleichzusetzen mit Erbrüten, Füttern und Hudern der Sperberjungen. Auffällige Besonderheit ist allerdings der Größen- und vor allem Gewichtsunterschied des Sperberpaares, wobei das Weibchen die deutlich größere und vor allem schwerere ist. Wenn die Weibchen zu Beginn der Brutzeit Reservefett anlagern müssen, werden sie mehr als doppelt so schwer wie ihre Partner. Ob größer und schwerer, stärker oder schwächer: Immer haben die Unterschiede etwas mit der Aufgabenverteilung zwischen den Geschlechtern zu tun. Bei den Sperbern bedeutet das, dass die leichteren Männchen die effizienteren Jäger sind; weil sie aber im Vergleich zu ihrer Körpermasse mehr Energie zur Aufrechterhaltung ihrer Lebensvorgänge als die Weibchen benötigen, sind sie in nahrungsarmen Zeiten anfälliger und können eher verhungern. Zudem laufen sie mit größerer Wahrscheinlichkeit Gefahr, von Beutefeinden einschließlich der Weibchen der eigenen Art verspeist zu werden. Doch obwohl das Geschlechtsverhältnis nach dem Flüggewerden durch die höhere Sterblichkeit von Sperbermännchen zugunsten der Weibchen verschoben wird, kommt es praktisch nie vor, dass sich ein Männchen mit zwei Weibchen verpaart. Die Erklärung für das monogame Verhalten ist so logisch wie einfach: Das kleine Männchen wäre schlichtweg überfordert, mehr als ein Weibchen zu Beginn der Brutzeit mit Nahrung zu versorgen. Warum dann aber starke Weibchen und schwache Männchen? Offensichtlich gibt es Partnersysteme, bei denen diese Form der „Asymmetrie“ einfach gut funktioniert.

Warum gehen FRISCHLINGE im Streifenlook?

Wir kennen das Bild aus Tier- und Wildparks: Eine Rotte Wildschweine und darunter eine Bache mit ihren quirligen Ferkeln, pardon Frischlingen. Sie werden bis zur Vollendung ihres ersten Lebensjahres so genannt. Spätestens dann verlieren die jungen Wildschweine ihr den Frischling kennzeichnendes Streifenmuster. Diese auffälligen Streifen dienen zur Tarnung der – im Gegensatz zu den Erwachsenen – selber noch wehr- und hilflosen Kleinen. Im Halbdunkel des Waldes und dem Licht- und Schattenspiel zwischen der bodennahen Vegetation lösen die Streifen die Frischlinge optisch auf. Ihr Look wird so zum perfekten Tarnanzug vor Luchsen, Wölfen oder Bären – zumindest in den Regionen, wo diese großen Beutegreifer noch oder glücklicherweise wieder vorkommen.

Wie schweifen FRÜCHTE in die Ferne?

Frühsommer im Biergarten: Das frisch Gezapfte schlägt verheißungsvoll Schaum, und man sitzt gerne im Schatten eines Rosskastanienbaums. Die Idylle bleibt indessen nicht gänzlich ungetrübt. Den einen nerven die staubfein, aber wolkenweise umherdriftenden Blütenpollen so sehr, dass er das schöne Sommerwetter zum Heulen findet. Den anderen stören die ebenfalls massenhaft umhersegelnden Samenpakete von Pappeln und Weiden, die watteweich wie Fliegende Teppiche durch die Luft gleiten und auf der Weißwurst ebenso zuverlässig landen wie im Bierglas.

Landpflanzen sind typhaft ortsfeste Lebewesen und mit ihrem Standort buchstäblich fest verwurzelt. Den Nachteil dieser stark eingeschränkten Beweglichkeit gleichen sie jedoch trickreich aus: In der Luft und manchmal auch im fließenden Wasser werden sie gleichsam zu ihrem eigenen Verkehrsmittel.

In der pflanzlichen Luftflotte treten Fallschirmspringer, Gleit- und Segelflieger an. Eines der Erfolgsmodelle sind die Löwenzahn-Früchte,

die mit geöffnetem Fallschirm an den Start gehen. Im Löwenzahn-Blütenkorb ist der Kelch jeder gelben Einzelblüte nicht blättrig, sondern als Haarkranz entwickelt. Nach dem Abblühen verlängert sich seine Achse etwa um das Dreißigfache, breitet sich schirmförmig aus, wird durch Trocknen noch ein wenig ausgesteift – und fertig ist die Pusteblume. Etwa 200 bis 400 Segel- bzw. Fallschirmchen sitzen ab Ende Mai startbereit auf dem reifen Fruchtstand.
Bei der Samen- oder Fruchtverbreitung durch die Luft bestimmt der Wind die Richtung und gewöhnlich auch die Distanz. Das Unternehmen erinnert an Flaschenpost – zielgenauer Versand ist auf diesem Weg nicht möglich, andererseits aber auch entbehrlich, denn mangelnde Trefferquoten gleicht der Massenversand aus – bei Birken, Pappeln und Weiden sind es jeweils mehrere Millionen je Fruchtbaum.

Warum kann die WildGANS fliegen, die Hausgans aber nicht?

Kaum einem ist der Kinderbuch-Klassiker „Die wunderbare Reise des Nils Holgerson mit den Wildgänsen“ nicht geläufig – sei es als Buch oder als Trickfilmserie im Fernsehen. In ihrem Kinderbuch, das zur Weltliteratur gehört, beschreibt Selma Lagerlöf die abenteuerliche Reise des kleinen Nils Holgerson auf dem Rücken der Wildgänse, die aus ihren nordischen Brutgebieten in die Überwinterungsgebiete und wieder zurück ziehen. Womit schon der erste Teil der Frage, warum Wildgänse fliegen, teilweise beantwortet wäre.
Als Pflanzenfresser sind alle auf der Nordhalbkugel der Erde brütenden Wildgänse gezwungen, Gebiete aufzusuchen, die ausreichend pflanzliche Nahrung bieten. Da große Teile des kontinentalen Europas im Winter monatelang mit Schnee bedeckt sind und somit die Äsung für die Gänse nicht mehr zugänglich ist, überwintern die

Tiere in Westeuropa, das infolge des atlantischen Klimas von längerer Schneebedeckung verschont bleibt, oder in Süd- und Südosteuropa, insbesondere am Mittelmeer und am Schwarzen Meer. Wichtigste westeuropäische Überwinterungszentren der Wildgänse finden sich auf den Britischen Inseln und in den Niederlanden, inklusive dem niederländisch-deutschen Grenzgebiet am Niederrhein. Vor ihrem Abflug in die Winterquartiere sammeln sich die Wildgänse an bestimmten Sammelplätzen. Dort finden sich im Verlauf des Spätsommers immer mehr Wildgänse ein, die dann als große Wandergemeinschaften im typischen Formationsflug zu ihrem Flug aufbrechen.

Bevor aber Gänse zu längeren Wanderflügen aufsteigen, vollziehen sich in ihrem Stoffwechsel und in ihrer Lebensweise entscheidende Veränderungen. Durch Hormone gesteuert wird die Nahrungsaufnahme so weit gesteigert, dass die Energieaufnahme den Energieverbrauch übertrifft und ein Teil der aufgenommenen Energie als „Depotfett" für die Reise gespeichert werden kann. Diese „innere Bereitschaft" zur gesteigerten Nahrungsaufnahme kannte früher jede Bauersfrau und machte sie sich für die herbstliche Gänsemast zu Nutze. Womit wir bei der Hausgans wären.

Als Stammform aller heutigen Gänserassen gilt die Graugans *(Anser anser)*, mit Ausnahme der Höckergans, die von der ostasiatischen Schwanengans abstammt. Beginnend mit ihrer Domestikation im zweiten Jahrtausend v. Chr. wurden Gänse vor allem zur Erzeugung von Fleisch, Fett, Fettlebern und Federn gehalten. Aus dieser Zeit erhaltene Knochenfragmente zeigen typische, domestikationsbedingte Proportionsveränderungen, wie zum Beispiel einen kräftigeren Bau des Beinskeletts und eine außergewöhnliche Größe. Wenn dann in alten Beschreibungen von schweren, fetten Gänsen die Rede ist, die „auf dem Bauche" laufen, kann der Verlust der Flugfähigkeit infolge der Domestikation keinen wirklich wundern.

Wie bekommt man eine GÄNSEhaut?

Wenn wir frieren oder heftig erschrecken, zieht sich unsere Haut zusammen. Daraufhin wölben sich die Haarfolikel vor und die Haare richten sich auf, die dann im wahrsten Sinne des Wortes uns zu Berge stehen. Weil unsere Körperhaut mit den meist sehr feinen, kurzen Haaren in diesem Zustand der Haut einer gerupften Gans nicht unähnlich ist, wird dieses Phänomen als „Gänsehaut" bezeichnet. Die Schweizer sagen dazu „Hühnerhaut", die Franzosen „Hühnerfleisch" („avoir la chair de poule"). Ein wahrer Meister im Erzeugen von Gänsehäuten bei unzähligen Menschen war Alfred Hitchcock mit seinen Filmen und eine Reihe gruseliger Hörspiel-CDs heißt „Gänsehaut für die Ohren" – womit bewiesen wäre, dass wir, wenn uns Sehen und Hören vergeht, unsere Gänsehaut auch ohne Kälteeinwirkung bekommen.

Gibt es auch bei Tieren die „Gnade der hohen GEBURT"?

Ob wir es wahrhaben wollen oder nicht: Die Nachkommen von Reichen oder Einflussreichen, ob Adel oder bürgerlich, haben wohl in allen menschlichen Gesellschaften Vorteile. Dass manchen Promi-Kindern der Status ihrer Eltern eher zur Last wird, ist die Ausnahme der Regel. Doch auch Tierkinder ranghoher Eltern, hier meist Weibchen mit hohem sozialem Status, sind im Gruppenleben bevorteilt. So scheinen in Gruppen lebende Affen den sozialen Status jedes Gruppenmitglieds zu kennen. Ein Weibchen mit beispielsweise mittlerem Sozialstatus unterteilt seine Gruppe nicht nur in Tiere, die über ihm, und andere, die unter ihm rangieren, sondern hat quasi die gesamte Rangordnung im Kopf. Wie wir Menschen sehen wohl auch unsere nächsten Verwandten, die Affen, ihre Gemeinschaft nicht nur als zufällige Ansammlung von Artgenossen, sondern als Netzwerk sozialer Beziehungen mit einer hierarchischen Struktur verwandter Tiere, die allein über die mütterliche Linie verbunden sind.

Wenn auch bei vielen anderen Tierarten enge Familienmitglieder Allianzen bilden, scheinen nur Primaten ihre Verbündeten nach strategischen Gesichtspunkten auszuwählen. Sie suchen sich in der Regel Partner, die im Rang über ihnen selbst sowie über ihren aktuellen Rivalen stehen. Solcherart komplexes Beziehungsgeflecht im Kopf parat zu haben, stellt eine beachtliche geistige Leistung dar. Nachdem die Bindung zwischen Affenmüttern und ihren Töchtern sehr lange, oft ein Leben lang währt, haben die Töchter ranghoher Weibchen automatisch alle Vorteile einer „hohen Geburt“. Sie begleiten in hierarchischen Gruppen oft den Rang direkt unter ihrer Mutter. Dagegen hält die Bindung zwischen Müttern und Söhnen nur bis zur Geschlechtsreife. Die meisten jungen Männer verlassen dann ihre Geburtsgruppe und verlieren damit auch ihren ererbten Rang. Ob sie beim Anschluss an eine neue Gruppe

dennoch von den Erfahrungen mit ihrer ehemaligen Rangstellung profitieren, ist bei der geistigen Leistungsfähigkeit unserer „nächsten Verwandten“ nicht auszuschließen.

Warum blühen viele GEHÖLZE vor dem Laubaustrieb?

Die meisten heimischen Waldbäume von der Birke bis zur Buche blühen, bevor sie ihre Blätter entfalten. Einige Laubgehölze sind der Blattentfaltung sogar um Monate voraus: In milden Wintern sieht man schon Mitte Januar die gelben Haselkätzchen im Wind baumeln, und nur kurze Zeit später folgen ihnen die rötlichen Kätzchenblüten der Erlen. Ein solcher Zeitplan bei der Mehrzahl der Arten kann einfach kein Zufall sein, und in der Tat gibt es dafür eine recht plausible Erklärung.

Im Unterschied zu den Obst- und Schmuckgehölzen, beispielsweise Goldregen und Robinie, sind fast alle im Spätwinter oder Vorfrühling blühenden Sträucher und Bäume windblütig – ihren Blütenstaub transportiert wolkenweise der Wind. Obwohl die männlichen Haselkätzchen so ganz aus der Nähe betrachtet recht hübsch aussehen und die gestreckten Narbenzipfel der kleinen weiblichen Blüten intensiv karminrot sind, brauchen diese Arten keine protzig herausgeputzten Blüten mit viel Verpackung, Farbe und Duft, mit denen andere tierische Spediteure anlocken. Windblüher beschränken ihren Blütenbau auf das Notwendigste, nämlich Mengen von Pollenspende- und -empfangseinrichtungen. Wichtig ist nur, dass genügend viele Pollen an den Start gehen und auf der Luftroute zu den Narben weiblicher Blüten in der weiteren Nachbarschaft gelangen. Ob diese Flaschenpost durch die Luft funktioniert, ist also eine Frage der Statistik. Nun hätten die extrem leichtgewichtigen und mit der lauen Frühlingsluft umhergewirbelten Pollenkörner mit Sicherheit eine ziemlich schlechte Trefferquote, wenn sich ihre Zielorgane, die weiblichen Blüten, hinter dichten Vorhängen großer grüner Blätter verstecken müssten. Deutlich besser ist der angestrebte Bestäubungserfolg also nur dann, wenn keine unnötigen Hindernisse im Weg stehen und die fliegenden Pollen ohne komplizierten Winkelzüge auf einer Narbe landen können. Erst nach erfolgreicher Bestäubung und Befruchtung setzen die betreffenden Gehölze dann auch ihre grünen Blattorgane an die Luft. Eine gewisse Ausnahme sind die Weidenarten, vor allem die Sal-Weide. Sie blüht ebenfalls vor dem Blattaustrieb, wird aber von Insekten besucht und bestäubt. Allerdings sind in der gleichen Gehölzfamilie auch viele Arten bei der Windbestäubung geblieben.

Essen wir im Gen-Food fremde GENE?

Immer häufiger hört man in den Nachrichtenmedien Schlagworte wie Novel Food oder Gen-Food. Novel food heißt neuartige Lebensmittel. Sie stammen unter anderem von gentechnisch veränderten Organismen (abgekürzt GVO oder gv-Organismen) und werden dann auch Gen-Food genannt. Ein Beispiel ist die Reissorte Golden Rice, die eine Schweizer Forschergruppe 1999 durch Übertragung von sieben Genen entwickelt hat. Sie enthält neben weiteren Fremdgenen beispielsweise die Erbanlagen für den Mohrrübenfarbstoff Beta-Carotin. Diese Verbindung ist die Vorstufe des lebenswichtigen Vitamins A und soll in den Entwicklungsländern die Ernährungssituation verbessern. Was einerseits große Hoffnungen weckt, löst bei anderen blankes Entsetzen aus: Nehmen wir tatsächlich

mit der täglichen Nahrung die Fremdgene aus anderen Organismenarten auf? Begriffe wie Gen-Mais, Gen-Soja, Gen-Tomate sind zusätzlich irreführend.
Selbstverständlich enthalten alle Pflanzen, die der Mensch in irgendeiner Form verspeist, mengenweise Gene und damit auch die Erbsubstanz DNS, aus denen die Gene aufgebaut sind. Täglich nehmen wir mit der ganz normalen Nahrung etwa ein Gramm DNS auf – aus Pflanzen, Tieren und Mikroorganismen. Egal woher diese DNS stammt, sie kann den Menschen definitiv nicht verändern. Sonst müsste man nach dem Verzehr einer Tomate rot oder von Kopfsalat grün werden. Nur innerhalb lebender Zellen wird die besondere biologische Information einer DNS wirksam. Als Bestandteil der Nahrung ist sie dagegen eine harmlose Chemikalie, die in Magen und Darm restlos abgebaut wird. Nur in der Umwelt könnten veränderte Gene Probleme verursachen, wenn sie unkontrolliert in andere Organismen der freien Natur abdriften.

Woher kommt bei Fröschen und Vögeln das GIFT?

Während viele Gifttiere spezielle Werkzeuge wie besonders gebaute Stacheln und Zähne entwickelt haben, um ihr Gift Angreifern oder Beutetieren zu injizieren, geben Frösche, Kröten und einige Vögel Gift über Haut und Federn ab. Die tödlichsten Gifte produzieren die in Mittel- und Südamerika lebenden Mitglieder der Familie Farbfrösche (Dendrobatidae). Die meisten dieser Arten sind tagaktiv und sehr klein, nur zwischen 15 und 62 Millimeter groß. Von den Farbfröschen ist eine Gattung (*Colostethus*-Arten) düster gefärbt und bis auf einen Vertreter nicht giftig. Die zweite Hauptgruppe mit vier Gattungen hingegen umfasst sehr farbenprächtige Arten, die als Giftfrösche über Hautdrüsen verfügen, deren ausgeschiedene Alkaloide auf das Nervensystem wirken. Die grellen Farben sollen Räuber wie Vögel und Säugetiere vor der Giftfrosch-Mahlzeit warnen. Den Indianern Südamerikas ist die Giftigkeit dieser Frösche seit langem wohlbekannt. Weil sie damit ihre Blaspfeile behandeln, nennt man die Giftlieferanten auch Pfeilgiftfrösche.

Lange Zeit nahm man an, dass Farbfrösche ihr Gift selbst produzieren. Neuere Forschungsergebnisse konnten jedoch zeigen, dass die Frösche nur ein Teil ihres Giftes selbst synthetisieren und sehr viel über die Nahrung aufnehmen, vor allem durch den Verzehr giftiger Käfer, Spinnen und Tausendfüßer. Deren Gift können sie in ihrer Haut anreichern, ohne dass es für sie selbst gefährlich würde.

An Giftigkeit unübertroffen ist *Phyllobates terribilis.* Der erst in den 1970er Jahren im westlichen Kolumbien entdeckte grellgelbe bis orange, 35 Millimeter kleine Kerl trägt als Gift eine Kombination von Batrachotoxinen und Homobatrachotoxinen auf sich herum. Sie reicht aus, um 20.000 Labormäuse oder 1.000 Menschen zu töten. Trotzdem ist er vor Indianern, die sein Gift zum Präparieren von Blasrohrpfeilen für die Jagd auf große Raubtiere nutzen, ebenso wenig sicher wie vor einer Schlangenart, die gegen sein Gift immun zu sein scheint.

An giftigen Vögeln kennt man bisher nur drei Arten von Pitohuis aus Papua Neuguinea. Unter ihnen ist der Zweifarben-Pitohui der giftigste. Haut und Federn dieser Vögel enthalten Giftstoffe, die mit dem Gift der Pfeilgiftfrösche fast identisch sind. Immerhin würden zehn Milligramm seines Giftes eine Maus in 20 Minuten töten. Die Pitohuis setzen ihr Gift wohl als Abwehr gegen Schlangen und Greifvögel ein, die schon durch die Gefiederfärbung vorgewarnt werden. Der Entdecker der Pitohuis nimmt an, dass sie ähnlich wie die Pfeilgiftfrösche ihr Gift durch den Verzehr giftiger Gliedertiere aufnehmen.

Wer hat die stärksten GIFTE in der Natur?

Leben ist ein kompliziertes stoffliches Geschehen. Alle Lebensäußerungen vom Wachsen und Entwickeln bis zum Reifen und Absterben lassen sich im Grunde genommen als stoffliche Ereignisse begreifen. Auch die eigene Verteidigung ist oft eine Sache der Chemie: Pflanzen produzieren übel schmeckende Substanzen und schützen sich damit vor wahllos zubeißenden Pflanzenfressern. Tiere setzen ebenfalls hochwirksame Schutzstoffe ein, um vor Angreifern sicher zu sein. Wenn solche Stoffe in einem anderen Organismus den normalen Stoffwechselbetrieb völlig durcheinanderbringen oder sogar blockieren, spricht man von Giften.
Die in den Lebewesen von Natur aus vorkommenden Giftstoffe sind in den meisten Fällen passive Waffen. Manche Arten setzen sie aber nicht nur zur Verteidigung, sondern auch für den gezielten Angriff ein. Viele dieser natürlichen Giftstoffe sind für die Zielorganismen sogar tödlich. Um ihre gefährliche Giftigkeit besser vergleichen zu können, hat man den LD_{50}-Wert eingeführt – darunter versteht man diejenige Menge, die für die Hälfte (50 Prozent) der Giftopfer eine tödliche Dosis (LD = Lethaldosis) darstellt. Meist gibt man die LD_{50} je Kilogramm Körpergewicht an.

Die giftigste Pflanze Europas ist der auf Bergwiesen ebenso wie in vielen Ziergärten wachsende Blaue Eisenhut. Die für den Menschen tödliche Dosis seiner schweren Nervengifte liegt bei weniger als 0,1 Milligramm je Kilogramm Körpergewicht – wenige Blätter oder ein fingerlanges Wurzelstück reicht für die Reise ohne Wiederkehr. Das giftigste Tier unseres Kontinents ist die mit der Kreuzotter nahe verwandte Sandviper aus Südwesteuropa – tödlich wirken Mengen ab 0,5 Milligramm je Kilogramm Körpergewicht. Die giftigste Schlange überhaupt ist der australische Taipan. Sein Gift hat eine LD_{50} von zwei Mikrogramm je Kilogramm Körpergewicht, ist also 250 Mal stärker als das der Sandviper und 5.000 Mal wirksamer als Zyankali. Ein einziger Biss genügt also.

Pflanzliche und tierische Gifte werden aber bei weitem in den Schatten gestellt von den Bakteriengiften. Zu Recht gefürchtet ist der Botulismus, eine tödlich verlaufende Lähmung durch ein auf verdorbenen Lebensmitteln (vor allem Konserven) vorkommendes Stäbchenbakterium. Die für den Menschen tödliche Dosis beträgt etwa 35 Nanogramm – das entspricht einer LD_{50} von 0,5 Nanogramm je

Kilogramm Körpergewicht. Diese Menge kann man schon nicht mehr abwiegen, denn 1 Nanogramm ist nur ein Milliardstel Gramm. Warum gerade die Bakterien so enorm giftige Naturstoffe produzieren, ist ein ungeklärtes Problem, denn sie sind für ihr eigenes Überleben eigentlich unwichtig.

Gibt es Säugetiere, die **GIFTIG** sind?

Dass eine Reihe von Insektenarten, viele Kriechtiere und Lurche giftig sind, ist allgemein bekannt. Giftige Vögel wurden erst unlängst entdeckt (siehe Seite 48) – und selbst unter den Säugetieren gibt es Gifttiere: Mehrere Insektenfresserarten aus der Familie der Spitzmäuse (Soricidae), dazu die beiden einzigen Vertreter der Familie Schlitzrüssler (Solenodontidae), der Kubanische und der Dominikanische Schlitzrüssler, und auch das seltsame Schnabeltier, ein archaisches, eierlegendes Säugetier, reagieren „giftig“.
Die Schlitzrüssler, wie unsere heimische Wasserspitzmaus *(Neomys fodiens)* und die nordamerikanische Große Kurzschwanzspitzmaus *(Blarina brevicauda)*, sondern giftigen Speichel ab. Allein das Nervengift der Großen Kurzschwanzspitzmaus würde zum Töten von 200 Mäusen ausreichen. Dieses Gift wird in Drüsen produziert, die nah bei den unteren Schneidezähnen liegen. Wenn die Spitzmaus ein Beutetier mit ihren Zähnen packt, wird das Gift aus diesen Drüsen dem Speichel beigemischt. Das Gift dringt in die Bisswunde ein und gelangt von dort direkt ins zentrale Nervensystem des Opfers. Schon kleine Giftmengen verursachen bei der Beute Lähmungserscheinungen. Mit ihrem Giftspeichel können die giftigen Spitzmäuse Frösche, Fische, Eidechsen und kleine Vögel zur Strecke bringen, die wesentlich größer sind als sie selbst. Und sogar wir „Riesen“ reagieren noch auf ihren Biss mit erheblichem Schmerzempfinden und tagelang anhaltenden Hautrötungen.

Auch die eierlegenden Säugetiere (Monotremata) Australiens zählen zu den giftigen Säugetieren. Bei den Männchen beider Schnabeligelarten, dem Kurz- und Langschnabeligel, sind Giftdrüsen und Sporen zwar vorhanden, aber funktionslos. Allein die Männchen des Schnabeltiers produzieren Gift. Ihre Giftdrüse befindet sich hinter dem Knie des Hinterfußes und ist mit einem beweglichen Hornstachel am Fußgelenk verbunden. Mit kräftigen Stößen der Hinterbeine können die Männchen diese Stacheln in ihre Feinde, vor allem Dingos, treiben. Weil sich zur Beginn der Paarungszeit die Giftdrüse vergrößert, nimmt man an, dass Schnabeltiere ihre Giftwaffe möglicherweise bei Revierstreitigkeiten mit Rivalen einsetzen. Den Weibchen fehlen die mit Gift gefüllten Sporen. Bei uns verursacht Schnabeltiergift, das einen Hund töten kann, „nur" starke Schmerzen.

Warum knickt ein GRAShalm nicht ein?

Es ist schon ein ziemlich starkes Stück, was uns ein Grashalm vorführt: Auf einem überraschend dünnen Halm aus weichem Gewebe, das man leicht zwischen den Fingern zerdrücken kann, trägt er als Blüten- oder Fruchtstand eine vergleichsweise schwergewichtige Ähre oder Rispe – und bricht dennoch nicht unter der Last zusammen. Ein einfacher Versuch zeigt, dass man ihm sogar noch eine zweite Ähre aufbinden kann; er biegt sich dann zwar elastisch ein wenig stärker durch, aber er knickt bestimmt nicht weg. Eigentlich weiß man nicht so recht, worüber man mehr staunen soll – über die ausgesprochen grazile Gestalt des Halmes oder seine be-

achtliche Statik. Grashalme können bei vielen heimischen Wildgrasarten durchaus über einen Meter hoch werden. Trotz dieser Wuchshöhe ist der Halm an der Basis nur ungefähr drei Millimeter dick. Sein so genanntes Schlankheitsverhältnis liegt demnach im Bereich von etwa 1:400. In technische Dimensionen übersetzt bedeutet dies, dass Fernmeldetürme, Fabrikschornsteine oder andere himmelstürmende Hochbauten bei 100 Metern Höhe an der Basis allenfalls 25 Zentimeter Durchmesser aufweisen dürften. Aus statischen und sonstigen konstruktiven Gründen ist ein solches Gebäude allerdings nicht umsetzbar. Es könnte nicht freitragend stehen, mal ganz abgesehen davon, dass es mechanischen Belastungen durch seitlich angreifenden Winddruck gar nicht standhalten könnte. In günstigen Fällen weisen technische Konstruktionen wie Lampenmasten, Antennentürme oder Brückenpfeiler ein Schlankheitsverhältnis um 1:50 auf. Sie lehnen sich zwar im Aussehen an die Merkmale eines Halmes an, ohne indessen seine statischen Qualitäten ganz zu erreichen. Der simple Grashalm ist offenbar den besten Ingenieurleistungen um Welten voraus. Wie ist das möglich?
Gras- und Getreidehalm sind bis auf die von außen sichtbaren Blattknoten hohl. Sie verbinden also ihre bemerkenswerte Standfestigkeit auch noch mit einer beachtlichen Materialökonomie. Die dünnen Halmwände durchziehen mehrere feine Faserstränge – sie dienen der Stoffleitung, über die die höheren Regionen unter anderem mit dem Wasser aus dem Boden versorgt werden. Eine kräftigende Ummantelung aus verholztem Gewebe steift die Leitungen individuell und rundum aus. Alle diese verholzten Teile liegen im Halm ganz weit außen, beinahe direkt unter der Oberfläche. Gerade diese Anordnung verspricht eine besondere Biegefestigkeit. Die übrigen Zellen der Halmgewebe sind prall mit Wasser gefüllt und stehen folglich ganz schön unter Druck. Auch davon geht eine besondere festigende Wirkung aus.

Wachsen auch in GRÖNLAND Orchideen?

Grönland, mit einer Fläche von 2,71 Millionen Quadratkilometern die größte geografisch anerkannte Insel, liegt größtenteils jenseits des Polarkreises und steht geradezu typhaft für eisige Verhältnisse: Sie stellt nach der Antarktis den größten Eisschild der Erde. Im Mittel ist der Eispanzer etwa 1.600 Meter dick und vermittelt eine Vorstellung davon, wie große Teile Mitteleuropas noch vor rund 12.000 Jahren während der letzten Kaltzeit ausgesehen haben – kaum vorstellbar, dass es hier üppig blühende Wiesen geben soll. Sie können getrost darauf wetten – diese Wette gewinnen Sie.

Tatsächlich sind rund 16 Prozent von Grönland fast ständig eisfrei, bedingt durch eine kleine Abzweigung des Golfstroms, der vor allem den Südwesten der Insel erreicht. Diese Wärmeecke liegt etwa auf der geografischen Breite von Oslo bzw. Südnorwegen. Hier gedeiht eine überraschend artenreiche Vegetation. In dieser Region landete um 982 der Entdecker der Insel, der Isländer Erik der Rote. Er traf – offenbar zu seiner eigenen Überraschung – überall Birken, Weiden und Grasland an und nannte die Insel danach „Grünes Land". Insgesamt umfasst die Landpflanzenflora Grönlands etwa 200 Arten, darunter viele auffallend blumige Arten, die im kurzen subarktischen Sommer einen ähnlich bunten Blütenflor herzaubern wie die

klimatisch vergleichbaren Matten in den europäischen Alpen. Zu diesen Pflanzen gehören beispielsweise Verwandte der aus den Alpen vertrauten Steinbreche, Gänsekressen oder Fetthennen, aber auch – man fasst es kaum – ein rundes halbes Dutzend wild wachsender Orchideen.

.. Warum hat buntes Herbstlaub GRÜNE Flecken?

In den Herbstwochen verzaubern die Wald- und Parkbäume mit einem gigantischen Farbspektakel. Beim genaueren Hinsehen entdeckt man allerdings Auffälliges: In den weitgehend umgefärbten Blättern von Ahorn, Birken, Buchen und Eichen, die bereits am Boden liegen, finden sich immer wieder kleine Inseln von sommerlich frischem Grün.

Zu jeder grünen Blattinsel gehört der schmale Fraßgang einer minierenden Insektenlarve. Offensichtlich bringen die im Blattgewebe minierenden Insektenlarven den normalen Lebensrhythmus der betroffenen Blattregion völlig durcheinander. Beim Durchtunneln des saftigen grünen Blattgewebes zerstören die umsatzfreudigen Insektenlarven unter anderem auch die feinen Stoffleitbahnen, welche die gesamte Blattfläche als reich verästeltes Netzwerk durchziehen. Dabei trennen sie kleinere Blattareale von den stofflichen Signalflüssen der übrigen Blattfläche ab. So können sich beispielsweise die steuernden Pflanzenhormone nicht mehr gleichmäßig ausbreiten, die die Blattumfärbung koordinieren. Isolierte Gewebebezirke bekommen folglich den entscheidenden Hinweis zum Blattgrünabbau und zu sonstigen stofflichen Rückzugsmanövern gar nicht mehr mit. Solche indirekten Eingriffe in die stofflichen Betriebseinläufe eines Laubblattes wären an sich schon raffiniert genug, aber die Larven setzen noch eins drauf: Sie geben ihrerseits pflanzenwirksame Signalstoffe ab, die den Blattgrünabbau wirksam blockieren.

Für die im Blatt minierenden Insektenlarven hat dieser Effekt eine enorm praktische Konsequenz: Die grünen Inseln bieten ihnen nämlich noch weit in die Herbstwochen hinein jede Menge appetitliches Frischfutter. Wenn die minierenden Larven schon vorher mit ihrem Blatt zu Boden segelten, bleibt ihnen sogar der mutige Sprung aus luftiger Höhe am Ende ihrer Larvenzeit erspart.

Trägt der „HAIfisch" Zähne nur im Gesicht?

„Und der Haifisch, der hat Zähne und die trägt er im Gesicht", wer kennt ihn nicht, den Song aus der Dreigroschenoper von Bert Brecht. Damit hat Bert Brecht zoologisch-anatomisch gesehen aber nur teilweise Recht!

Im Gesicht, besser im Kiefer, sitzen die Haizähne in vielen Reihen angeordnet. Sie können nach Bedarf nach außen umgeklappt werden und ersetzen dann etwa verlorene Zähne der äußeren Reihen – eine Fähigkeit, um die manch ein Träger „dritter Zähne" unter uns jeden Hai beneidet. Haie tragen ihre Zähne jedoch nicht nur im Gesicht, sondern auch als Hautzähne (so genannte Placoidschuppen) auf dem ganzen Körper. Diese Hautzähne haben im Prinzip den gleichen Bau wie die Kieferzähne. Sie besitzen eine Pulpahöhle, die von Dentin umschlossen ist;

darüber liegt eine dünne Schmelzschicht. Die Placoidschuppen bedecken die ganze Haut der Haie: Sind sie klein und stehen dicht beieinander, wie etwa beim Grauhai, fühlt sich die Haut sandpapierartig an und kann wie Schmirgelpapier verwendet werden. Beim Alligatorhai stehen die Hautzähne dagegen ziemlich weit auseinander und wirken eher dornenartig.
In der Dreigroschenoper spielt Bert Brecht mit diesem Lied auf die dreieckigen Schneide- oder Reißzähne im Haigesicht an. Neben diesen besonders gefährlich wirkenden Beißwerkzeugen besitzen manche Arten aber auch dünne, pfriemförmige oder stumpfe, pflastersteinähnliche Zähne, wovon Letztere sich besonders gut zum Zermalmen und Zerreiben von Weich- und Krustentieren eignen.

Wie putzt das HEUpferd seine Flügel?

Große Augen, schlanke Gestalt, beeindruckende Flugakrobatik – Libellen verkörpern in allen Merkmalen den äußerst gewandten Luftjäger. Wenn sie noch ein wenig klamm von den Frühtemperaturen eines Sommermorgens an den Pflanzen des Teichufers sitzen, ist leicht zu erkennen, dass sie immer blitzsauber sind. Nun könnte man sich vorstellen, dass sie ihre Flügel genauso putzen wie eine Stubenfliege, nämlich durch einfaches Abstauben mit den Hinterbeinen. Allerdings reicht dazu ihre Beinlänge nicht aus. Vor einem ähnlichen Problem stehen (oder sitzen ...) die zu den Heuschrecken zählenden Heupferde bzw. Springschrecken. Wie bringen sie ihre langen Flügel dennoch auf Hochglanz?
Von vielen Blättern weiß man, dass sie auftropfendes Regenwasser ganz hemmungslos und rückstandsfrei abrollen lassen, weil sie mit besonderen Wachsbelägen überzogen und daher unbenetzbar sind. Die mikroskopische Rauigkeit der winzigen Wachsteilchen verringert die Haftwirkung zwischen Oberfläche und Wasser so sehr, dass

die Kohäsionskräfte sofort die Tropfenform des Wassers erzwingen. Nach der Lotuspflanze, die in Ostasien schon immer als Symbol der Reinheit galt, nennt man diese erstaunliche Selbstreinigung durch nasses Abstauben Lotus-Effekt. Die äußerst beschränkte Haftung auf Oberflächen nutzt man inzwischen beispielsweise bei der Produktion von Löffeln, die den Honig mit ungewohnter Rasanz auf das Frühstücksbrötchen platzieren.
Unterdessen ist bekannt, dass der beeindruckend wirksame Wasser-wisch-und-weg-Effekt in der Natur auch bei Insekten mit großen Flügeln wie Heuschrecken und Libellen vorkommt, die mit ihren Beinen nicht die gesamte Flügelfläche erreichen. Der abperlende Frühtau reicht hier für die Morgentoilette vollends aus. Nicht rasch genug abtropfendes Wasser würde zudem die Flugfähigkeit der Tiere stark beeinträchtigen.

Wie hören HEUschrecken ihren Gesang?

Wer nicht über spitze, lange, große, kleine, abstehende Ohren oder ähnliche Auswüchse am Kopf verfügt, ist deshalb noch lange nicht taub. Denn wenn man eine Heuschrecke ist, kann man auch mit dem Schienbein hören. Heuschrecken nehmen Laute über schmale Schlitze auf, die am Knie ihrer Vorderbeine sitzen. Mit ihnen können sie sehr feine Geräusche wahrnehmen, was vor allem für die Verständigung der Tiere bei der Partnersuche und Paarung von großer Bedeutung ist. Bei Störungen und um frühzeitig Feinde zu erkennen, müssen Heuschrecken jedoch nicht unbedingt ihre „Schienbein-Lauscher“ einschalten. Sie besitzen nämlich zusätzliche Erschütterungsorgane, mit denen sie kleinste Erschütterungen bereits aus vielen Metern Entfernung spüren, um – typisch für Heuschrecken – mit kühnem Sprung oder in kurzem Flug rechtzeitig das Weite zu suchen.

Wie entstehen HEXENbesen? Manchmal zeigt das ebenmäßige und fast grafisch wirkende Verzweigungsprogramm einer Baumkrone seltsame Abweichungen: Fast sieht es dann so aus, als hätten sich auf einzelnen Ästen dichte, wirr verzweigte kleine Büsche angesiedelt. Hexenbesen oder Donnerbüsche nennt sie der Volksmund, denn früher hielt man diese eigenartigen Gebilde tatsächlich für geparkte Luftfahrtgeräte aus der letzten Walpurgisnacht. Biologisch liegt ihnen jedoch ein anderer Sachverhalt zu Grunde. Angeregt durch bestimmte Pilze – seltener auch durch Milben – geht ein Ast durch Störungen seiner Wuchshormone punktuell zu einem außergewöhnlichen Verzweigungswachstum über und entwickelt in einer Saison gleich mehrere Zweiggenerationen. Auf engstem Raum drängen sich dann die zahlreich angelegten Seitenzweige zusammen. Recht häufig treten solche Hexenbesen bei Birken (vor allem Moor-Birke) auf, gelegentlich auch bei Erle, Hainbuche und Kirschbaum. Bei Fichten kann sogar der gesamte Wipfelbereich der Krone in einen einzigen Hexenbesen umgeformt sein.

Warum haben HIRSCHE einen hellen Hintern?

Innerhalb der Ordnung Paarhufer, Unterordnung Wiederkäuer bilden die Hirsche eine Familie mit fünf Unterfamilien, 17 Gattungen und insgesamt 37 Arten. Mit Ausnahme des Wasserrehs und des Moschustiers sind sie allesamt Geweihträger, wobei außer beim Rentier nur die Männchen ein Geweih tragen. Nicht das Geweih, sondern etwas anderes besitzen alle hasen- bis pferdegroßen Hirscharten gemeinsam: Praktisch alle haben einen hellen Hintern! Besser ausgedrückt, die Fellregion am Hinterende der Hirsche ist mehr oder weniger auffällig heller behaart als ihr übriges Fell. Zum Teil ist diese helle Fellregion noch schwarz umrandet, damit sie noch besser auffällt. „Spiegel" wird diese auffällige Region genannt. Bei den langschwänzigen Hirscharten wird sie teilweise vom Schwanz verdeckt, der außen dunkel gefärbt ist. Erst wenn ein erschrecktes Tier aufspringt und dabei seinen unterseits hell gefärbten Schwanz aufrichtet, wird ersichtlich, welche bedeutsame Aufgabe ein heller (Hirsch-)Hintern haben kann: Er dient als Warnzeichen für die anderen Hirsche im Rudel. Vor allem im Dämmerlicht, ob tageszeitlich oder durch den dunklen Lebensraum bedingt, wirken helle Hintern wie Rücklichter. So kann Hirschman(n)/frau besser am Voraneilenden dranbleiben und deshalb im Rudelverband Räubern leichter entkommen.

Wie weit ist es bis zum HORIZONT?

Nur naive Gemüter glaubten früher, die Erde sei eine flache Scheibe. Schon im Altertum war den Naturkundigen die Kugelgestalt unseres Heimatplaneten im Prinzip vertraut. Immerhin konnte man bei Mondfinsternissen jeweils einen kreisrunden Erdschatten sehen. Außerdem war bekannt, dass sich der Polarstern in nördlichen Gebieten höher am Himmel zeigt, oder dass bei Reisen nach Süden neue Sternbilder über dem Horizont auftauchen. Eine weitere alte Erfahrung betrifft die Richtung Hafen segelnden Schiffe – man sieht davon zuerst die Mastspitzen, ehe der Rest der Konstruktion aus einem Raum hinter der Horizontlinie auftaucht. Die Krümmung des Horizonts begrenzt auf der Erde also sichtlich die Reichweite unserer Augen. Doch wie weit ist es eigentlich bis zur Horizontlinie, die den Himmel von der Erde trennt? Um diese Entfernung, die Kimmlinie k, zu bestimmen braucht man a) den Erdradius r, b) die Augenhöhe h eines Beobachters am Strand, c) einen Taschenrechner und den genialen Satz des Pythagoras. Wegen der Abplattung der Erde ist ihr Radius r an jedem Ort ein wenig anders. Für die Nordseeküste nehmen wir den Wert r = 6.367.467 m als größere Kathete in einem rechtwinkligen Dreieck an. Die Hypotenuse dieses Dreiecks errechnet sich aus der Summe von Erdradius r und der Augenhöhe h = 1,7 m des Beobachters zu (r+h) = 6.367.468,7 m am Strand. Die gesuchte Größe, die so genannte Kimmlinie k, ist die kleine Kathete. Nach Pythagoras gilt nun $k^2 + r^2 = (r+h)^2$ oder $k^2 = (r+h)^2 - r^2$. Der Taschenrechner erledigt das Quadrieren der zugegebenermaßen etwas unhandlichen Zahlen und die anschließende Bestimmung der Quadratwurzel aus k^2. Für den Hori-

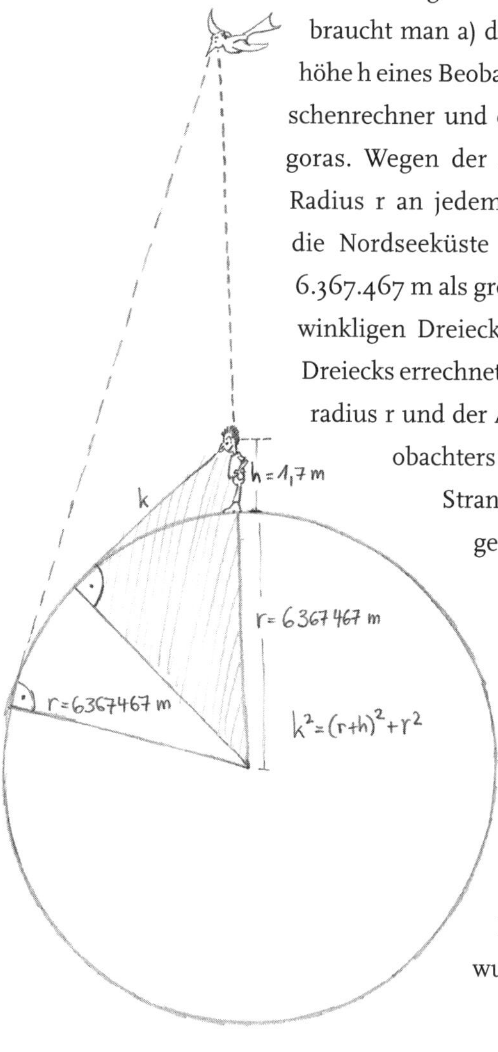

zontabstand ergibt sich demnach k = 4.652,9 m. Steht der Beobachter nun nicht direkt an der Wasserlinie, sondern deutlich höher, erweitert sich auch sein Horizont. Von der rund 50 Meter hohen Klippe Helgolands aus erscheint die Horizontlinie bereits rund 25 Kilometer entfernt.

Gibt es HYDRAULISCHE Tiere?

Der Begriff Hydraulik kommt aus dem Altgriechischen und bedeutet so viel wie Wasser, Rohr, Flöte. Hydraulik ist die Lehre vom Strömungsverhalten von Flüssigkeiten in offenen Gerinnen bis hin zu Rohrleitungen. Hydraulisch funktionieren eine ganze Reihe technischer Geräte. Diesem Prinzip frönen aber auch die Stachelhäuter, zu denen die bekannten Seesterne und Seeigel sowie die etwas weniger bekannten Seewalzen zählen. Allesamt Meeresbewohner zeichnen sich Stachelhäuter zumeist durch dicke, aus Kalk gebildete, frei bewegliche oder fest miteinander verwachsene zu einem Panzer zusammengesetzte Platten aus, die häufig noch mit den namengebenden Stacheln besetzt sind. Weil ihre Panzerplatten dicht unter der Haut liegen, handelt es sich streng genommen um ein inneres Skelett (Endoskelett), wie es auch Wirbeltiere, einschließlich wir Menschen, besitzen. Grundsätzlich unterschiedlich zu allen anderen, höher entwickelten Tieren mit bilateraler Symmetrie (Zweiseitigkeit), ist die fünfstrahlige Körperorganisation der Stachelhäuter. Eine weitere, einzigartige Entwicklung ist ihr kompliziertes Wasserkanalsystem, das im Prinzip aus fünf Strahlen von kleinen Kanälen besteht, an denen kleine, hydraulisch aus- und einfahrbare Füßchen sitzen. Zu jedem Füßchen gehört eine eigene im Körper versenkte Ampulle, mit der das Wasser ausgetauscht und der Druck in den Füßchen reguliert werden kann. Je höher der Wasserdruck in den Füßchen, desto weiter schauen sie aus dem Körper heraus. Mit den hydraulisch regulierbaren Füßchen können Stachelhäuter sich mehr als nur fortbewegen. Sie atmen sogar damit.

Doch die Hydraulik bei Tieren ist keineswegs auf Stachelhäuter beschränkt. Letztlich funktioniert jeder flüssigkeitsgefüllte Raum in einem Organismus als Hydraulik, bzw. als Hydroskelett. Zu dieser Erkenntnis kam bei seinen Forschungsarbeiten Wolfgang F. Gutmann. Der Forscher am berühmten Senckenberg-Institut in Frankfurt/Main stellte bei seinen vergleichenden Untersuchungen fest, dass flüssigkeitsgefüllte Körperhohlräume (etwa bei verschiedenen Würmern oder bei Seeanemonen) wichtige anatomische Strukturen darstellen, die für Bewegungsabläufe und Formerzeugung ebenso bedeutsam sind wie die verschiedenen Muskeln. Da beim Präparieren solcher Organismen die Flüssigkeitsfüllung des Körpers jedoch ausläuft, wurde ihre Bedeutung, insbesondere auch für die Evolutionsbiologie, nur selten erkannt. Gutmanns Hydroskelett-Theorie besagt, dass flüssigkeitsgefüllte Hohlräume nicht nur für die Funktionsweise eines Organismus, sondern auch für den Verlauf der Evolution von essentieller Bedeutung sind. Sie stellen hydraulische Pneus dar, d. h. sie funktionieren nur dann als Hydroskelett, wenn sie unter Druck stehen. Dieser Druck wird von den umgebenden Muskeln und Bindegeweben erzeugt. Veränderungen eines Pneus können deshalb nur am Gesamtsystem ablaufen. Evolution muss somit schrittweise erfolgen, da es nicht möglich ist, einen Pneu zu zerstören und ihn dann wieder neu aufzubauen. Evolution ist aus dieser Perspektive eine schrittweise Transformation von hydraulischen Pneus. Nach dieser Maßgabe können alle Körperformen von Tieren als hydraulisch bestimmt betrachtet werden. Das Hydraulik-Prinzip ist somit ein universelles Konstruktionsprinzip der Organismen. Körperform und Evolution von Lebewesen werden verständlich, wenn man hydraulische Formbildungsprinzipien berücksichtigt – eine für viele neue, ungewöhnliche, aber äußerst spannende Sichtweise.

Leben INSEKTENfresser nur von Insekten?

Obwohl diese Säugetierordnung so heißt, ernähren sich ihre 300 bis 400 Mitglieder aus sechs Familien und 56 Gattungen keineswegs nur von Insekten. Nur drei Familien aus dieser artenreichen Ordnung sind weltweit verbreitet: Dies sind die Familie der Igel und Haarigel (Erinaceidae), der Maulwürfe und Desmane (Talpidae) und der Spitzmäuse (Soricidae). Dagegen leben die Schlitzrüssler (Solenodontidae) nur auf den Karibikinseln Hispaniola und Kuba, die Tanreks (Tenrecidae) nur auf Madagaskar und den Komoren und die Otterspitzmäuse (Potamogalidae, oft auch als Unterfamilie zu den Tanreks gezählt) nur in Feuchtgebieten Zentralafrikas.

An den kleinen spitzen Zähnen und den scharfen Höckern auf der Zahnkrone ihrer Backenzähne sind alle Insectivora (Insektenfresser) gut zu erkennen. Häufig ist ihre Nase rüsselförmig verlängert und sehr beweglich. Damit wird die Umgebung heftig beschnüffelt, wobei die „Supernasen“ ihre Nase wirklich überall hineinstecken. Schließlich verlassen sich Insektenfresser bei der Beutesuche hauptsächlich auf ihren ausgezeichneten Geruchssinn, der seinen Ausdruck durch den ständigen Einsatz des Riechorgans sowie das relativ große Riechzentrum im Gehirn findet. So unterschiedlich wie ihr sonstiges Aussehen, mit Fell- oder Stachelkleid, oder ihre Lebensräume, von auf und unter der Erde, am und im Wasser, in Wüste, Wald, Sumpf oder Siedlungsraum, ist auch die Speisekarte der Insektenfresser. Sie reicht von den namengebenden Insekten über Gliederfüßer, Weichtiere, Krebstiere, kleinere Wirbeltiere (Amphibien, Reptilien, Fische, Vögel, Säugetiere), Aas bis hin zu unterschiedlicher Pflanzenkost (Wurzeln, Samen, Früchte). Selbst Giftschlangen sind vor dem „Insektenfresser“ Igel nicht sicher. Ein Protein aus seinen Muskeln, das Erinacin, hemmt die Giftwirkung. Damit – und geschützt durch sein Stachelkleid – schmeckt selbst solche Mahlzeit.

Wie überlebt der KÄFER den Sturz von der Decke?

Zwischen Käfer und Zirkusartist besteht ein fundamentaler, manchmal lebensentscheidender Unterschied. Wenn beide kopfunter an der Decke laufen respektive in Schlaufen unter der Zirkuskuppel hängen, überlebt Ersterer den Deckensturz problemlos, während für Letzteren nicht „nur" das Artistenleben, sondern meistens das gesamte zu Ende ist.

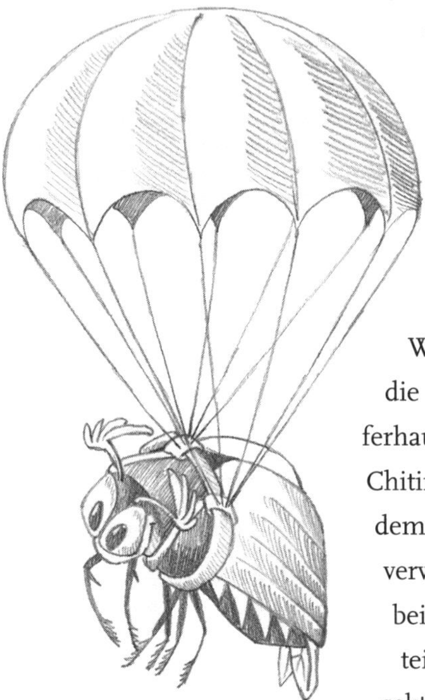

Schon äußerlich sind Käfer anders. Sie umgibt ein stützender und schützender Panzer, Cuticula genannt. Wie bei anderen Gliederfüßern setzt sich die Insekten-Cuticula, somit auch die Käferhaut, aus einer Eiweißsubstanz und dem Chitin zusammen, wobei Letzteres nahe mit dem pflanzlichen Zellstoff, der Zellulose, verwandt ist. Die Härte des Panzers ist hierbei eine Folge der Gerbung des Eiweißanteils zu „Sclerotin". Die Hartteile des Insektenpanzers sind daher nicht, wie oft zu lesen, „chitinisiert", sondern sclerotisiert. Dagegen bestehen die Gelenkhäute zwischen diesen sclerotisierten Platten aus ungegerbtem Eiweiß und Chitin. Während unsere Stürze aus größeren Höhen unvermeidlich zu Brüchen unseres Innenskeletts, dem Zerreißen von Weichteilgeweben und schweren Blutungen führen, überlebt der Käfer dank seines Leichtgewichts und Panzers die Energie des Aufpralls, die bei uns nur durch elastische Luftkissen (Airbags, Netze) zu dämpfen wäre. Selbst eine käferähnliche Ritterrüstung könnte uns vor Schaden nicht bewahren. Denn – und das ist reine Physik – im Fallen wird die potenzielle Energie eines Körpers

in Bewegungsenergie (kinetische Energie) umgesetzt. Und die ist gleich der halben Masse multipliziert mit der Fallgeschwindigkeit zum Quadrat!
Dass jedoch auch schwerere „Objekte“ Stürze aus größeren Höhen überleben können, beweist immer wieder unsere Hauskatze. Wenn sie beim Klettern ins Straucheln kommt, kann sie die Körperlage so verändern, dass sie auf den Beinen landet. Dazu dreht sie zuerst ihren vorderen Körperteil in die normale Lage, streckt den Kopf aufrecht nach oben und, bedingt durch diesen Bewegungsablauf, dreht sie auch automatisch ihr Hinterteil. Um den Auftrieb zu vergrößern und den Luftwiderstand zu erhöhen, spreizt sie alle Läufe weit von sich und landet abgebremst auf den Pfoten, die sie erst kurz vor der Landung unter den Körper ausrichtet. Dieser Vorgang wird durch das Gleichgewichtsorgan im Innenohr automatisch ausgelöst. Der Schwanz mit seinen 19 bis 24 Wirbeln unterstützt den Drehvorgang dabei. Dennoch kann es bei ihr zu Prellungen, Brüchen und schweren inneren Verletzungen kommen, die für den Käfer als Leichtgewicht im „Panzerhemd“ ausgeschlossen sind.

Warum wächst der KAKTUS so langsam?

In vielen Lebensräumen ist Wasser ein besonders wertvolles Gut und auf jeden Fall ein kritischer Faktor für das Überleben. Die traurigen Gestalten im Blumentopf, die man vor dem Urlaub auf der Fensterbank vergaß, sind der klare und eindeutige Beweis. Um unregelmäßig oder nur spärlich mit Niederschlägen versorgte Standorte dennoch erfolgreich besiedeln zu können, haben manche Pflanzen eine einfache, aber erstaunlich wirksame Strategie entwickelt: Sie verkleinern ihre Oberfläche, mit der sie üblicherweise das Wasser an den Luftraum abgeben müssen, und vergrößern gleichzeitig ihr Volumen bzw. den Speicherraum für das kostbare Nass. Im

Vergleich zum hauchdünnen Laubblatt, dass bei ausgedehnter Oberfläche nur ganz wenig Volumen aufweist, steht ein der Kugelgestalt angenäherter Kaktus nun völlig anders da. Je runder er ist, umso mehr nähert er sich rechnerisch dem idealen Oberflächen-Volumen-Verhältnis der Kugel. Die Wasser einsparenden Rundungen haben allerdings ihren Preis: Die spürbare Drosselung der Wasserverluste bedeutet nämlich gleichzeitig eine stark eingeschränkte Aufnahme von Kohlenstoffdioxid aus der Luft, dem wichtigsten Rohstoff der Fotosynthese, über die alle grünen Pflanzen ihre eigene Substanz aufbauen. Kakteen können also nicht schneller wachsen, weil sie gar nicht rasch genug die benötigten Betriebsstoffe einschleusen.

Pferde: Haben KALTblüter kaltes Blut?

Ebenso wie ein heißblütiger Südeuropäer, wenn er nicht gerade Fieber hat, die gleiche Körpertemperatur wie ein Mitteleuropäer besitzt, so ist ein Kaltblüter unter den Pferden nicht kaltblütiger als ein Warmblüter. Wörtlich genommen dürfte dann auch der Halbblüter nur über halb so viel Blut wie ein Vollblüter verfügen. Mit den Bezeichnungen ist nicht die Blut-/Körpertemperatur der Pferde gemeint, sondern es sind die unterschiedlichen Temperamente und Fähigkeiten der Tiere angesprochen.

Aus dem in Eurasien lebenden Wildpferd *(Equus ferus)* entstanden seit 4.000 v. Chr. unter dem Einfluss des Menschen bis heute zahlreiche Pferderassen, die sich in Aussehen und durch ihren Verwendungszweck unterscheiden. Als Reit-, Last- oder Zugtiere wurden Pferde zu unentbehrlichen Helfern und haben so bis zur Motorisierung einen entscheidenden Beitrag zur Entwicklung der altweltlichen Kulturen geleistet. Wer sie beherrschte, konnte Schlachten entscheiden oder Weltreiche begründen, wie das den Reiterarmeen Dschingis Kahns gelang.

Das Araberpferd, das aus dem Iran und aus Kleinasien nach Arabien gelangte, ist der bekannteste Abkömmling des ursprünglichen Tarpan-Typs (Wald- und Steppenwildpferd). Der Englische Vollblüter entstand danach durch die Kreuzung britischer Inselpferde mit einem Araberpferd, das durch die Kreuzzüge auf die Insel gelangte. Unter deren Nachkommen betrieb man eine auf Schnelligkeit und Ausdauer gerichtete Auslese, die zum Rennpferd führte. Als Wirtschaftspferde spielten die zu temperamentvoll und leicht gebauten, heute oft millionenteuren Vollblüter nie eine Rolle. Aus ihrer Kreuzung mit ruhigeren und schwereren Gestütspferden gingen die Halb- oder Warmblüter in vielen Schlägen hervor, unter denen der Oldenburger als schwerster Warmblüter schon an einen Kaltblüter erinnert. Diese unterscheiden sich durch manche Skelettmerkmale von den anderen Hauspferden. Die größeren und schwereren Kaltblüter haben einen derben Schädel mit verlängertem Gesichtsteil. Ihr starker Nacken geht in einen recht langen Rumpf über. An der Unterseite sind ihre kräftigen Beine lang behaart. Auch die Körperbehaarung der Kaltblüter ist dicht und derb. Mit ihrem ruhigen Temperament eigneten sie sich früher für schwere Landarbeiten, für die heute PS-starke Traktoren eingesetzt werden.

Am häufigsten sieht man noch Kaltblutpferde in prachtvollem Geschirr als Schaupferde vor schweren Brauereiwagen in Festumzügen. Ob im Festzug zum Münchner Oktoberfest oder in den Karnevalsumzügen in Mainz, Köln und Düsseldorf: Wenn sie in stoischer Ruhe ihre schweren Wagen zwischen den Menschenmassen am Straßenrand ziehen, wirken sie nicht gerade warmblütig, die Kaltblüter.

Was hat Spanien mit KANINCHEN zu tun?

Jedes Land hat seine Nationalsymbole. Mal ist es ein stolzer Adler oder ein Bär, mal eine besondere Pflanzenart wie bei den Zedern des Libanon. Für Spanien könnte man sich in dieser Funktion einen der vielen schaurig hingemetzelten Stiere vorstellen. Ein kuscheliges Kaninchen wäre allerdings viel passender. Wie bitte?

„Die hohen Berge sind die Zuflucht der Steinböcke, und die Steinklüfte die der Kaninchen", lautet eine gängige Übersetzung von Psalm 104, Vers 18 aus dem Alten Testament. Mit Kaninchen ist in dieser antiken Landschaftsbeschreibung jedoch eine ganz andere Tierart gemeint, nämlich der bis an die Küsten des Libanon vorkommende Klippschliefer – ein kleines Huftier, dessen nächste Verwandte eigenartigerweise die Elefanten sind. Die Hebräer und Phönizier nannten diese zweifellos seltsame Tierart *shapan* (wörtlich: der „Sich-Verbergende"). Als die seefahrenden Phönizier vor etwa 3.300 Jahren auch in Südspanien ihre Handelskolonien gründeten, fielen ihnen die dort mengenweise vorkommenden Wildkaninchen auf. Da diese Tiere eine gewisse Ähnlichkeit mit den ostmediterranen Klippschliefern aufweisen, nannten sie auch die abendländischen Kaninchen *shapan* und die betreffende Küstenregion der Iberischen Halbinsel *isha-*

pan. Als später die Römer in dieser Region das Regiment übernahmen, latinisierten sie die unterdessen eingeführte Bezeichnung zu *hispania*, und daraus wurde schließlich *españa* bzw. Spanien. Demnach bedeutet Spanien tatsächlich Kaninchenland. Erst viel später hat man die iberischen Kaninchen als Pelz- und Fleischlieferanten nach Mitteleuropa gebracht, wo sie ursprünglich gar nicht heimisch waren.

Warum haben manche Tiere so viele, andere so wenige KINDER?

Alle Tiere sind in ihrer Fortpflanzungsleistung beschränkt. Während die Eierproduktion von Fischen in Zigtausende, die von Mondfischen sogar in dreistellige Millionenzahlen gehen kann, aber auch Kröten und Frösche Massengelege produzieren, ist die Zahl der Kinder vor allem bei Vögeln und Säugetieren deutlich geringer. Dennoch gibt es auch bei ihnen Arten mit hohem Kinderreichtum und wiederum andere, die nur wenige Kinder großziehen.

Sehr vermehrungsfreudige Arten, deren Programm „Reproduktion" heißt, werden in der Ökologie als r- Strategen bezeichnet. Viele kleine Nagetiere oder das Wildkaninchen zählen dazu. Reine r-Strategen sind oft Pionierarten, die mit ihrem immensen Vermehrungspotential sehr rasch einen Lebensraum bis an die Grenzen seiner Kapazität ausnutzen. Am anderen Ende sind die K-Strategen, wie etwa einige Großraubtiere oder Menschenaffen, anzusiedeln, die das Wachstum ihrer Populationen auf die „Kapazität" des Lebensraumes abstimmen und wenige, aber gut ausgerüstete Junge gebären. Typische K-Strategen sorgen sehr intensiv für ihren Nachwuchs und halten aufgrund mütterlicher, elterlicher oder Gruppen-Fürsorge die Verluste in der „Jugendklasse" gering. Echte r-Strategen setzen großzügig Nachwuchs in die Welt, der aufgrund zahlreicher Fressfeinde aber ebenso schnell verschwinden kann. Eine lange, existentielle Abhängigkeit des Nachwuchses bedeutet ein starkes Band, das es vor allem den entwicklungsgeschichtlich jüngeren, also komplexer organisierten Arten ermöglicht, über die biologisch enge Mutter-Kind-Beziehung hinaus wichtige, nicht als Erbgut voll ausgebildete Fähigkeiten sowie erworbene Erfahrungen an die Jungen weiterzuleiten. Die lange und intensive Fürsorge durch Erwachsene und andere Gruppenmitglieder, gepaart mit Erkundungsdrang und Spielfreudigkeit des Nachwuchses, macht erst die Weiterentwicklung geistiger Fähigkeiten möglich. Beste Beispiele hierzu liefern wir Menschen und unsere Primatenverwandtschaft. Das K-Prinzip, also Klasse statt Masse, ist hier bestimmender Faktor bei der Fortpflanzungsrate und der Jungenaufzucht.

Doch was ist letztlich erfolgreicher? Die Natur gibt darauf meist eine „sowohl-als-auch"-Antwort. Denn ausschließliche r- oder K-Strategen sind seltene, hochspezialisierte Extreme eines ansonsten sehr variablen Prinzips. So passen sich zum Beispiel Wiesel nach dem K-Prinzip optimal in einen Lebensraum ein, um sich mit hochspezialisierter Jagdtechnik in Konkurrenz zu anderen Beutegreifern ihren Beuteanteil zu sichern. Beim Mäuse-Boom können sie aber plötzlich zu r-Strategen werden, indem die Weibchen nicht erst im Alter von drei oder vier Monaten, sondern schon mit fünf Wochen – quasi als Kleinkinder – geschlechtsreif werden und bis zu 13 Junge werfen, deren Überlebensrate rein von dem üppigen Beuteangebot abhängt. Untersuchungen an amerikanischen Wühlmäusen konnten zeigen, dass natürliche Feinde wie Beutegreifer, der Stress hoher Siedlungsdichten und Krankheiten zwar ihre Opfer fordern. Trotzdem waren diese Faktoren nicht der Grund für die zyklischen Schwankungen der Mäusepopulationen. Auslöser für das regelmäßige Auf und Ab der Bestände sind vielmehr zwei unterschiedliche Gentypen bei den Mäusen, Vermehrungsfreudige und solche mit geringer Vermehrungsleistung. Weil die Vermehrungsfreudigen das zunehmende Gedränge nicht ertragen und bei wachsender Dichte abwandern, beginnt die Mäusepopulation so lange zu schrumpfen, bis bei ausreichend geringer Dichte vermehrungsfreudige Mäusetypen wieder zuwandern.

Und wir Menschen? Unsere Hirnleistungen befähigen uns zwar zu einer fast genialen Anpassung an die Erfordernisse unserer Umwelt mit rasch sich ändernden Situationen – das entspricht dem typischen Leistungsbild eines K-Strategen. Und dennoch neigen wir zum ungebremsten Wachstum eines r-Strategen mit allen negativen Folgen für ganze Regionen und künftige Generationen. Alles Gerede um Nachhaltigkeit und Generationenverträge klingt vor dem Spiegelbild der globalen Realität, die einzig und alleine dem Prinzip „Wachsen oder weichen" zu folgen scheint, geradezu höhnisch. Realität ist, dass die r-Strategen die Macht und die Mittel haben, um die Konkurrenz zu besiegen. Die Zukunft der Menschheit ist dennoch nicht schicksalhaft vorbestimmt. Ob wir unsere Umwelt nachhaltig nutzen oder einfach nur verbrauchen, wird weniger durch unser genetisches Erbe als durch Traditionen im Rahmen von Kulturen und gesellschaftlichen Normen bestimmt. Somit entscheidet der Ausgang im Konflikt um die „richtige" Strategie über unsere Zukunft.

K

Wie sehen alte „KLAMOTTEN“ im Tierreich aus?

Abgetragene, alte „Klamotten“ sind bei uns nicht unbedingt Ausdruck für Armut oder fehlendes Modebewusstsein. Ganz im Gegenteil: Zumindest im Bereich der Freizeitmode gehören zerrissene oder ausgewaschene Jeans zu den topmodischen Accessoires und sind oft schon beim Neukauf so „hergerichtet“. Auch die „Kleider“ mancher Tiere nutzen sich durch längeres „Tragen“ ab. Diese Abnutzungserscheinungen können ihrem Träger ein deutlich verändertes Aussehen verleihen. So zieren nach der Mauser helle Federsäume das neue, grünblau-metallisch glänzende Herbstkleid des Stars, der wegen dieser ins Auge springenden Auffälligkeit dann auch „Perlstar“ genannt wird. Bis zur kommenden Brutzeit sind die Federsäume dann wieder abgewetzt. Doch während Stare immer glänzen, leuchten Kleine Füchse, einer unserer häufigsten Tagfalter, nur frisch geschlüpft in ihrem farbenprächtigen Schuppenkleid. Falter hingegen, die lange unterwegs waren, sind „abgeflogen“: Sie haben verblasste Schuppen und häufig lädierte Flügel.

Schöner und auffälliger durch Abnutzung werden dagegen bestimmte Gefiederpartien der Berg- und Buchfinkenmännchen. Sie sind quasi die nördliche und südliche Ausgabe zweier sonst sehr ähnlicher Arten von Finkenvögeln, die wir in harten Wintern oft gemeinsam bei uns am Futterhaus beobachten können. Zum Frühjahr hin tragen männliche Berg-

finken auf dem Oberkopf und Rücken ein glänzend schwarzes Gefieder. Diese Umfärbung in das Prachtkleid entsteht nicht durch Mauser, sondern kommt dadurch zustande, dass sich die rotbraunen Federsäume des Herbstkleides über den Winter so stark abnutzen, dass rechtzeitig zur Balz die glänzend schwarzen basalen Federabschnitte sichtbar werden. Auch beim Buchfinkenmännchen entsteht das kontrastreiche und farbenfrohe Prachtkleid im Spätwinter durch Abnutzung bräunlicher Federsäume, die das Blaugrau von Oberkopf und Nacken oder die schwarze Stirn im Herbst und fast den ganzen Winter lang verdecken. Trotz ihrer neuen „alten" Klamotten legen Berg- und Buchfinkenmänner noch nach: Im Frühjahr werden ihre Schnäbel schwarz bzw. blau, indem sich die Hornscheide passend zu ihrem „Prachtkleid" verfärbt.

Wie sind die Blätter in der KNOSPE untergebracht?

Alle Blätter einer Pflanze gehen als Knospe an den Start – Laubblätter ebenso wie die oft auffallend ausgefärbten Blütenblätter. Wenn sie fertig und betriebsbereit sind, ist meist nicht mehr zu erkennen, wie sie eigentlich in der schützenden Knospenhülle eingezwängt waren. Durch einen beachtlichen Wasserdruck in den Blattgeweben sind sie dann prall und glatt wie ein aufgepusteter Ballon. Bei manchen Blättern ist die ursprüngliche Knospenlage aber noch nach Wochen und Monaten zu sehen: Bei der Hainbuche waren sie ziehharmonikaartig zusammengelegt. Wenn sie aus der Knospe drängen, findet buchstäblich Entfaltung statt, aber die scharfen Knickstellen bleiben. Bei anderen Pflanzen werden sie dagegen schraubig gedreht in der Knospe untergebracht und „entwickeln" sich folglich nach der Knospenöffnung – eindrucksvoll zu sehen beispielsweise bei allen Enzianarten, bei Hibiskus, den Malven oder beim Immergrün. Nach dem

Strecken sind ihre jugendlichen Rundungen kaum noch wahrzunehmen. Neben diesen überaus ordentlichen Lösungen gibt es auch völlig chaotische Verhältnisse: Manches Mal liegen die Blätter nämlich total zerknautscht in der Knospe wie ein zerknülltes Taschentuch. Beim Klatsch-Mohn ist das so – er bekommt seine seidendünnen Blütenblätter einfach nicht mehr glatt, was sich für die kurze Blühdauer einer Blüte vermutlich auch nicht lohnt. Wenn sich die Blüten der Nachtkerzen öffnen, entfalten sich ihre Knitterblätter übrigens mit vernehmlichem Knistern.

Ist der **KÜRBIS** eine Beere?

„An ihren Früchten werdet ihr sie erkennen“, verspricht uns die Bibel (Matthäus 7,16), aber so einfach ist es nun auch wieder nicht. Mancherlei Verwirrung ergibt sich nämlich allein daraus, dass der bürgerliche vom botanischen Sprachgebrauch häufig stark abweicht. Die Fachwissenschaft, die sich mit den Pflanzen(teilen) und ihren Verwendungsmöglichkeiten in Küche oder Technik befasst, bemüht sich natürlich um größtmögliche Klarheit. Das führt gelegentlich zu interessanten Konflikten. Der folgende kleine Ausflug in die Anatomie der äußerst variantenreichen Früchte liefert Ihnen mancherlei Stoff, mit dem Sie getrost die eine oder andere Partywette eingehen können – Sie werden sie alle locker gewinnen.

Unter einer Beere versteht man üblicherweise eine Frucht mit relativ dünner Fruchthaut, saftigem Fruchtfleisch und wenigen bis vielen darin eingelassenen, kleinen Samen. Diesem Bild entsprechen – botanisch völlig korrekt – unter anderem Johannisbeeren, Blaubeeren oder Weinbeeren. Letztere sind zwar auch als Weintrauben bekannt, aber mit Traube bezeichnet ein Botaniker nur eine besondere Verzweigungsform: Blüten bzw. Früchte sitzen dabei an unverzweigten Seitenästen. Insofern ist das Fruchtensemble der Johannisbeeren

eine richtige Traube, dasjenige der Weinbeeren aber eine Rispe. Richtige Beeren im botanischen Sinne sind auch Tomate, Gurke, Aubergine, Dattel, Banane, Kürbis, Melone und nach neuerer Erkenntnis auch Avocado – Erdbeeren dagegen nicht: Sie zählt man tatsächlich zu den Sammelnussfrüchten, da das köstliche Fruchtfleisch durch Verdickung des Blütenbodens und nicht aus dem Fruchtknoten entsteht. Dagegen ist die Ananas ein Beerenfruchtverband.
Bei den Steinfrüchten vom Typ Kirsche, Pfirsich oder Pflaume bleibt nur der äußere Teil der Fruchtwand saftig und fleischig, während der innere ein festes, hart verholztes Gehäuse bildet, in dem der nussartige Samen (Kern) geborgen ist. Zu den Steinfrüchten dieser Bauart gehören Walnuss und Kokosnuss sowie die Himbeere, wobei diese eine Sammelsteinfrucht mit vielen süßen Einzelfrüchtchen darstellt. Steinfrüchte sind auch Mango und Kaffee. Die Feige ist wiederum ein recht kompliziert aufgebauter Steinfruchtverband.
Während bei den Beeren und Steinfrüchten zumindest Teile der die Samen einschließenden Fruchtwand fleischig bleiben, verholzen bei den richtigen Nüssen alle drei Fruchtwandschichten zu einer fallweise extrem harten Schale wie bei der Haselnuss, einer der wenigen botanisch echten Nüsse. Die knallharten Paranüsse sind dagegen stark verholzte Kapseln, die australische Macadamianuss entwickelt sich als Balgfrucht. Nussverbände sind die Bucheckern und die Esskastanien.
Begrifflich unsauber werden häufig die noch nicht vollreifen und als Gemüse verwendeten Früchte von Bohnen und Erbsen benannt: Beide gehören bekanntermaßen zu den Hülsenfrüchten, und ihre kennzeichnende Fruchtform ist demnach eine Hülse, aber selbst die sonst uneingeschränkt empfehlenswerte Kochliteratur von Vierstérneköchen zitiert sie meist als Schoten. Schlanke Schoten und die eher rundlich kompakten Schötchen sind jedoch die familientypischen Fruchtformen der Kreuzblütengewächse wie Raps und Senf.

Gibt es außer den Säugern Tiere, die ihre Jungen LEBEND gebären?

Lebend gebären oder Viviparie ist zwar ein wichtiges Säugetiermerkmal, aber keineswegs auf diese Tierklasse beschränkt. Bei vielen kaltblütigen Tieren gibt es eine Form des Lebendgebärens, bei denen weder eine Plazenta noch alle anderen Einrichtungen vorhanden sein müssen, die normalerweise zur Viviparie dazugehören. Bei ihnen werden die Eier nicht sofort abgelegt, sondern entwickeln sich bis zum Abschluss ihrer Embryonalentwicklung in einem Eibehälter im mütterlichen Körper. Solche Entwicklungsformen werden als ovovivipar bezeichnet. So reifen bei einigen Salamandern, Kröten und manchen Knochenfischen die Jungen in der Ovarhöhle des Weibchens bis zur Geburt heran.

Noch eine höhere Entwicklungsstufe der Viviparie erreichen die Knorpelfische. Der Eileiter der Haie und Rochen ist zu einem Uterus differenziert und so gut entwickelt, dass er den Stoffwechsel der Jungen unterstützen kann. So gibt es beispielsweise Ausbuchtungen an der Uteruswandung, an die sich die Jungen mit ihrem Dottersack wie bei einer Plazentation eines Säugetieres anheften.

Obwohl sich die meisten Reptilien ovipar, d. h. durch Eier legen, fortpflanzen, gibt es auch Lebendgeburten, bei denen die Jungen ihre Eihülle entweder noch im mütterlichen Körper oder direkt nach der Geburt verlassen. Beispiele für diese Geburtsform sind unsere heimischen Schlangenarten Schlingnatter und Kreuzotter. Die Vorteile liegen zum einen darin, dass die Jungschlangen sich mit dem Verlassen des mütterlichen Körpers sofort bewegen und flüchten können – Eigelege sind schließlich immer durch Eiräuber gefährdet – und dass die Schlangen im kalten Klima den Zeitpunkt der Geburt über den Winter hinweg ins günstigere Frühjahr verschieben können.

Der einzige echt lebend gebärende Froschlurch ist die Krötenart *Nectophrynoides occidentalis*. Ihr Nachwuchs entwickelt sich in einer Gebärmutter und ernährt sich von der mütterlichen „Milch“! Die nur zwei Zentimeter „großen“ Tiere sind auf ein kleines Bergareal in Zentralafrika beschränkt und leben dort zwischen ständig nebelfeuchten Berggräsern. Wenn ihr Lebensraum in der Trockenzeit beginnt auszutrocknen, ziehen sich die Winzlinge an feuchte Stellen unter Steinen zurück und verlangsamen bis zur nächsten Regenzeit ihren Stoffwechsel. Währen der aktiven Phase finden die Paarungen statt. Dabei übergibt das Männchen seine Spermien an das Weibchen. Nach einer Tragzeit von neun Monaten kommen dann zwei bis 16 fertig entwickelte „Minikrötchen“ zur Welt. Die Kleinen müssen während ihrer Entwicklung in der Gebärmutter keineswegs vom (kaum vorhandenen) eigenen Dottervorrat leben. Sie „baden“ vielmehr in einer Flüssigkeit, die von der Gebärmutterschleimhaut abgesondert wird und die Gebärmuttertaschen füllt. Diese Uterus-Milch wird von ihnen mit dem Mund aufgesaugt. Zum Gebären bläst die Krötenmutter ihre Lungen auf und presst gleichzeitig die Schenkel gegen den Bauch. Vom Lungendruck wird die Gebärmutter komprimiert und die Jungen werden mit Kopf oder Beinen voran über die Kloakenöffnung ausgestoßen. Der Lebensraum dieser zwar kleinen, aber außergewöhnlichen Art im Dreiländereck Elfenbeinküste, Guinea und Liberia, der Berg Nimba, ist nicht nur seit 60 Jahren als Naturreservat, sondern seit 1981 auch als UNESCO-Biosphärenreservat und Welt-Kulturerbe geschützt.

Während unsere Feuersalamander meist kiementragende Larven im Flachwasser von kleinen Bächen absetzen, gelegentlich aber auch voll entwickelte Jungtiere zur Welt bringen, ist der Alpensalamander vom Wasser als „Fortpflanzungsmedium“ völlig unabhängig: Embryonal- und Larvalentwicklung sowie die Umwandlung in Jungsalamander (Metamorphose) finden allesamt im Mutterleib statt. Dort ernähren sich die Larven zunächst vom Dotter bzw. Dotterbrei befruchteter und unbefruchteter Eier.

Leben Pflanzen nur von LICHT und Luft?

Die Pflanzen auf der Fensterbank scheinen ein sehr genügsames Leben zu führen: Ab und zu muss man sie gießen und ein wenig düngen, aber sonst benötigen sie offenbar keine weitere stoffliche Versorgung, um dennoch üppig zu gedeihen. Beim Haushund ist das völlig anders: Er braucht regelmäßig etwas zwischen die Zähne, und auch wir kommen nicht ohne tägliche Mahlzeit aus. Wovon also leben die Pflanzen? Die Natur hat die grünen Gewächse tatsächlich mit einer einzigartigen Fähigkeit ausgestattet, die letztlich auch unser Überleben sicherstellt: Durch winzige schlitzförmige Öffnungen in der Blattunterseite – auf einer nur handflächengroßen Fläche hat ein Blatt etwa eine Million davon – nehmen die Pflanzen das gasförmige Kohlenstoffdioxid aus der Luft auf. Etwa drei Kubikmeter Luft enthalten davon gerade einmal einen Liter. In den grünen Blattzellen verbinden sie Kohlenstoffdioxid mit dem Wasserstoff aus Wasser. Die chemische Umsetzung von Kohlenstoffdioxid und Wasserstoff zum Kohlenhydrat, beispielsweise Traubenzucker oder ähnlichen Verbindungen, benötigt allerdings sehr viel Energie, und die entnehmen die grünen Blattzellen direkt dem Sonnenlicht. Nur im genügend hellen Licht kann ihre wunderbare Stoffsynthese ablaufen – daher spricht man auch von Fotosynthese. Aus den Zuckern, den unmittelbaren Produkten der Fotosynthese, stellen die Pflanzenzellen weitere energiereiche (und damit auch für Tier und Mensch nahrhafte) Stoffe her. Letztlich leben sie also tatsächlich nur von Licht und Luft. Ein für uns ebenfalls enorm wichtiges Abfallprodukt der Fotosynthese ist der Sauerstoff, den wir zum Atmen benötigen. Die pflanzliche Fotosynthese ist der einzige natürliche Prozess, bei dem Sauerstoff freigesetzt wird. Der gesamte heutige Sauerstoffgehalt der Atmosphäre, rund ein Fünftel eines jeden Luftvolumens, ist sogar ausschießlich das Ergebnis der pflanzlichen Fotosynthese – etwa zur Hälfte übrigens beigesteuert von kleinen, einzelligen Meeresalgen.

Warum sind die LICHTflecken unter Bäumen immer gleich groß?

Sicher ist Ihnen das beim Waldspaziergang an einem sonnigen Sommertag auch schon einmal aufgefallen: Die hoch über dem Wald stehende Sonne schickt ihre wärmenden Strahlen durch das Kronendach und zeichnet auf dem sonst eher schattigen Waldboden helle Lichtflecken, die sich im sanften Säuseln des Sommerwindes ein wenig hin und her bewegen. Nun wären diese sommerlichen Lichtspiele unter dem Blätterdach an sich wenig aufregend, gäbe es da nicht noch eine Merkwürdigkeit: Alle Lichtpunkte, die auf dem Boden umhertänzeln, sind immer gleich groß und außerdem alle oval. Es kann doch wohl nicht sein, dass die Lücken im Blätterdach zufälligerweise alle die gleiche Form haben. Der Blick nach oben bestätigt es sofort – es gibt kleine und große Öffnungen, dazu auch rundliche, drei- und vieleckige und mehrheitlich sogar völlig unregelmäßige. Trotzdem haben die Lichtflecken auf dem Waldboden, mancherorts auch Sonnentaler genannt, allesamt die gleiche Größe.

Des Rätsels Lösung ist der Strahlengang: Jede einzelne Lichtöffnung in den Baumkronen wirkt wie eine Lochkamera. Unabhängig von ihrer genauen Größe bildet jede Lücke auf dem Waldboden also ein verkleinertes Abbild der Sonne ab. Wegen des schrägen Lichteinfalls werden die eigentlich runden Sonnenscheibchen zu kleinen Ellipsen auseinander gezogen. Dass diese Lichtflecken tatsächlich Sonnenbilder sind und keine einfachen „spotlights“, wie sie ein Theaterscheinwerfer auf der Bühne zaubert, hat bereits der berühmte Astronom Johannes Kepler (1571 bis 1630) entdeckt und damit als erster nachgewiesen, dass sich das Licht normalerweise geradlinig ausbreitet. Auch fiel ihm auf, dass die vielen Sonnenabbilder auf dem Boden spiegelverkehrt sind: Wenn kleinere Haufenwolken vor die Sonne ziehen, ist ihre Zugrichtung auf dem Bodenbild der tatsächlichen Wolkenbewegung immer entgegengesetzt.

Gibt es bei Tieren LINKS- und Rechtshänder?

Die Welt scheint für Rechtshänder eingerichtet. Ob Fisch- oder Schweizer Messer, Dosenöffner, Füller, Schreibheft, Geige, Golfschläger oder Gitarre: Alle Werkzeuge sind für die Mehrheit unter uns gedacht, deren rechte Hand diese Dinge führt. Dabei kommt sie gar nicht so selten vor und ist zudem keine Krankheit, die Linkshändigkeit. Sie kann in einer für Rechtshänder ausgerichteten Welt aber durchaus zum Handikap werden. Es ist noch gar nicht so lange her, dass Linkshänder durch Festbinden ihrer linken Hand auf die rechtshändige Ausübung von Tätigkeiten „umgeschult" wurden. Dabei liegt die Ursache für Links- und Rechtshändigkeit ebenso weitgehend im Dunkeln wie auch unser Wissen über den prozentualen Anteil an Links- bzw. umgeschulten Linkshändern. Die Schätzungen reichen von fünf bis 25 Prozent Linkshändern unter den Rechtshändern. Erst wer als Kind gezwungen wurde, die rechte, vermeintlich „schöne" Hand zu benutzen und seine linke zu verleugnen, für den kann sich die Linkshändigkeit zu einem echten Problem auswachsen. So kann das zwanghafte Umschulen bei linkshändigen Kindern zu Verhaltensauffälligkeiten bis hin zur Hyperaktivität führen. Als kleiner Trost für alle Linkshänder, den Autor eingeschlossen: Auch unter Tieren gibt es Linkshänder, von Schimpansen über Walrosse, Pferde und Elefanten bis hin zu Papageien und Krabben.

Fangen wir bei Letzteren an. Bei Winkerkrabben ist eine Schere immer vergrößert und dient als Signalgeber. Zur Anbahnung einer „Paarbeziehung" winken diese Krustentiere recht heftig damit, um dem potenziellen Partner die „Scherigkeit" zu signalisieren. Dabei kommen Winkerkrabben mit links oder rechts vergrößerter Schere ungefähr gleich häufig vor, die Links- und Rechtshändigkeit ist somit gleichmäßig verteilt. Unter den zahlreichen Papageienarten gibt es viele Tiere, die als Greiffuß grundsätzlich den linken benutzen. Nur mit dem auch beim Klettern aktiveren Fuß wird die Nahrung zum Mund geführt, während der Körper dabei auf dem anderen Bein ruht. Selbst beim Schlafen steht ein „linkshändiger“ Papagei auf seinem rechten Standbein. Wie beim Menschen ist auch bei Papageien eine „Umerziehung“ der Händigkeit durch Zwang möglich: Papageien, bei denen ein Bein durch Anhängen an einer Kette gehandikapt ist, nutzen das freie Bein als Greifbein. Elefanten zeigen durch Bevorzugung eines Arbeitsbeines wie durch die unterschiedliche Abnutzung einer der beiden Stoßzähne ihre „Links- oder Rechtshändigkeit“. Denn nur einer der beiden Stoßzähne wird beim Bohren nach Wasser oder Salzkristallen als Hauptwerkzeug genutzt, zeigt so größere Abnutzungserscheinungen („Gebrauchsspuren“) und wird deshalb anschaulich als „slave“ (Sklave) bezeichnet.

Wie weit die Beeinflussung der Händigkeit von außen geht, zeigt uns das Pferd. Sein Reiter führt es in der Regel an der rechten Hand und steigt auch von rechts auf. Wobei der linke Menschenfuß – bei Rechtshändern der Standfuß – in den Steigbügel tritt, um mit dem rechten Bein – bei Rechtshändern das Spielbein – über den Pferderücken zu schwingen. Unberücksichtigt bei dieser Reiterregel bleibt, dass es außer Rechtshändern, also Linksstehern, auch Linkshänder, also Rechtssteher, unter den Reitern gibt. Auch zeigen Pferde natürlicherweise eine Rechts- oder Linkshändigkeit. Die dominante Seite greift beim Galopp weiter aus, während die andere mitläuft. Junge, nicht zugerittene Pferde galoppieren oft sogar lieber links. Auch „wilde“ Pferde, die etwa in der Puszta aufwachsen, zeigen weniger die von Reitpferden bekannte Rechtshändigkeit, die damit wohl eher als Umdressur durch menschliche, rechtshändige Artgenossen als durch natürliche Veranlagung zu werten ist.

Dass man Walrosse als links geneigte Meerestiere einstufte, daran ist kein geringerer als der Linkshänder Paul McCartney „schuld“. In dem Song „Glass onion“ wurde über den berühmtesten, linkshändig

Gitarre spielenden Beatle gesungen „... the walrus was Paul". Erst Filmaufnahmen belegten, dass im Gegensatz zu Paul McCartney die tonnenschweren Meerestiere in 66 Prozent aller Fälle die rechte Flosse zum Ausgraben von Muscheln einsetzten, während die linke Flossenhand nur in vier Prozent aller Fälle zum Grabwerkzeug wurde. 29 Prozent der Kolosse gruben mit der Schnauze, ein Prozent setzte das Futter mit einem selbst erzeugten Wasserstrahl frei. In das Bild der bevorzugten Rechtshändigkeit passte auch, dass an der rechten Flosse toter Walrosse längere Knochen gefunden wurden. Auch die Rechtshänder unter den Menschen haben häufig längere Knochen an der rechten Hand und am rechten Arm.

Dass bevorzugte Rechtshändigkeit dennoch kein Naturgesetz zu sein braucht, zeigen uns die Schimpansen als unsere nächsten Verwandten. Während diese Menschenaffen in menschlicher Obhut zur Rechtshändigkeit neigen, sind wilde Schimpansen mehrheitlich Linkshänder. Die Primatenforscher vermuten, dass die beobachtete Rechtshändigkeit der meisten in Gefangenschaft lebenden Schimpansen auf ihrer menschlich geprägten, eher für Rechtshänder ausgelegten Umwelt beruht. Ob Rechts- oder Linkshändigkeit: Die Asymmetrie im Schimpansenhirn ähnelt der beim Menschen und bestimmt die Händigkeit. Bei ihnen, wie bei uns, wurden zwei Schlüsselstrukturen im limbischen System des Gehirns gefunden, Amyglada und Hippocampus. Der Hippocampus, an Prozessen rund um Lernen, Gedächtnis, Stimmung, Appetit und Schlaf beteiligt, ist deutlich asymmetrisch und auf der rechten Seite eindeutig größer als auf der linken. Die Amyglada, für die Entstehung von Emotionen zuständig, ist dagegen in beiden Hälften gleich groß. Diese Asymmetrie im Gehirn hat Auswirkungen auf die Händigkeit. Linkshänder, die anders funktionieren, sind keineswegs ungeschickter als Rechtshänder. Um in der von Rechtshändern dominierten Welt zu bestehen, müssen sie sogar manchmal cleverer sein als die Mehrheit ...

Wie nehmen Tiere das MAGNETfeld der Erde wahr?

Heute wissen wir durch zahlreiche Labor- und Feldversuche, dass den wandernden Vogelarten neben dem Sonnenstand, dem Sternenhimmel und charakteristischen Landmarken auch das Magnetfeld der Erde zur Orientierung dient. Oft nutzen Vögel auf dem Zug zwischen Brut- und Überwinterungsgebiet zeitgleich oder in Abhängigkeit von den jeweiligen äußeren Bedingungen mehrere dieser Orientierungssysteme. Auch bei anderen Tierarten, von Schnecken, Krebsen über Fische, Amphibien und Reptilien bis hin zu Säugern, wurde solcherart Orientierungsfähigkeit nachgewiesen.

Doch wo liegt der Magnetkompass der Vögel? Bei dieser Frage nach ihrer Möglichkeit einer „nicht visuellen" Orientierung, tappten die Zugforscher lange im Dunkeln. Erst die Frankfurter Arbeitsgruppe um Prof. Dr. Wolfgang Wilschko und seiner Frau Roswitha kam nach langem Suchen und Experimentieren diesem Phänomen auf die Spur. So entdeckten sie bei ihren Versuchstauben unter anderem in der Haut des Oberschnabels Magnetit als Magnetsensor. Aktuelle Untersuchungen der Frankfurter Forscher in Zusammenarbeit mit anderen Arbeitsgruppen zeigen, dass das Erdmagnetfeld von den Vögeln auf zweierlei Weise wahrgenommen wird. So scheint der auf

Magnetit im Vogelschnabel beruhende Mechanismus nur die Stärke des Magnetfeldes zu registrieren. Da dieses äquatorwärts abnimmt, kann der Vogel daraus Ortsinformationen wie aus einer Landkarte ableiten. Zur Navigation auf dem Vogelzug reicht dies aber noch nicht aus. Vielmehr braucht der Vogel zusätzlich noch eine Richtungsinformation – und die liefert ihm ein Rezeptor im rechten Auge, der durch Licht aktiviert werden muss. Dabei erzeugt ein Fotorezeptor durch Absorption von Licht und nachfolgendem Elektrotransfer ein Radikalpaar, das dann an einer biochemischen Reaktion beteiligt ist. Ein schwaches magnetisches Feld wie das Erdmagnetfeld verändert den Spin des Radikalpaar-Systems und dadurch die Reaktion. So kann der Vogel wie wir mit unserem Kompass die Richtung erkennen, in die er fliegt. Womit Vögel als „Orientierungsinstrumente" quasi einen Gaussmeter in ihrem Schnabel und einen Kompass im rechten Auge tragen, die sie erst im Zusammenwirken dank des Erdmagnetfelds sicher zu ihren Zielen führen.

Was macht der MAIKÄFER im Juni?

Pünktlich mit dem Frühjahr rollen diverse Wellen süßester Versuchungen an. Prominente Vertreter der heimischen Fauna dominieren nun als Schokoladenfiguren die Süßwarenregale der Supermärkte. Eigenartigerweise nimmt mit fortschreitender Saison die Zahl der Beine der verführerischen Appetithappen zu: Nach zweibeinigen Osterküken und vierbeinigen -hasen rücken allmählich die sechsbeinigen Maikäfer in den Vordergrund.

Die meisten Mitmenschen werden die Schokoladenversion der gemütlichen Krabbeltiere eher kennen als die Originale aus der Natur. Durch Insektizideinsatz in Land- und Forstwirtschaft sind die Maikäfer europaweit eher selten geworden. Wenn sie allerdings in mehrjährigen Zyklen dennoch in Massen auftreten wie regional in Süd-

deutschland, werden sie sogleich zum Medienereignis. Schon früher haben sie die Gemüter stark bewegt. Im fünften Streich von Wilhelm Buschs „Max und Moritz" überraschen sie das Opfer der Attacke gar im Bett.

Das Design der Schokoladenzoologie ignoriert gewöhnlich, dass es in Mitteleuropa gleich drei verschiedene Maikäferarten gibt. Die bis knapp drei Zentimeter langen Feldmaikäfer, von Fachleuten *Melolontha melolontha* genannt, tragen meist einen schwarzen, gelegentlich braunen Halsschild, während er beim etwas kleineren Waldmaikäfer *(Melolontha hippocastani)* gewöhnlich braun und seltener schwarz ist. Zuverlässiger für die Artbestimmung ist die Form der Hinterleibsspitze. Beim Feldmaikäfer läuft sie schlank aus, beim Waldmaikäfer endet sie mit einem Knöpfchen. Dem Feldmaikäfer sehr ähnlich ist die sehr seltene Art *Melolontha pectoralis*, für die es keinen deutschen Namen gibt.

Mit den ersten zuverlässigen Wärmeschüben kommen die Käfer aus dem Boden – Waldmaikäfer witterungsabhängig eventuell schon im April, Feldmaikäfer etwas später und in kalten Frühsommern sogar erst im Juni. Schon im Spätsommer des Vorjahres sind sie nach fast vierjähriger Larvenzeit als Engerling aus der Puppe geschlüpft und verbrachten die Herbst- und Winterwochen kältestarr fast einen Meter tief im Boden. Ab etwa 20 Grad Celsius Lufttemperatur graben sie sich nach oben und schwärmen bei einbrechender Dunkelheit los. Nun suchen sie Laubbäume auf und fressen an deren frischen Blättern, um vollends geschlechtsreif zu werden, bevorzugt an Eichen, aber auch an Buchen, Hasel, Ahorn oder Obstbäumen. Abends schwärmen sie mit vernehmlichem Gebrumm in den Baumkronen: Die Männchen suchen eifrig nach paarungsbereiten Weibchen. Die über 50.000 Geruchsempfänger ihrer Fühlerlamellen registrieren aus der Distanz zunächst den Duft der frisch angebissenen Blätter und dann erst in der Nähe den Lockstoff der Weibchen. Nach der Begattung legen die Weibchen in mehreren Schüben ihre Eier im tieferen Boden ab – Feldmaikäfer in der offenen Flur, Waldmaikäfer in der Nähe ihrer Nahrungsbäume. Schon nach der Eiablage sterben die meisten Weibchen ab. Aus den Eiern schlüpfen Larven, die sich durch mehrjährigen Wurzelfraß mästen und dabei zu Engerlingen mit bis zu fünf Zentimetern Länge heranwachsen.

Mit der Fortpflanzung ist die Lebensaufgabe der Käfer erfüllt. Spätestens im Laufe des Juni sterben auch die Männchen ab, und dann gibt es völlig planmäßig und gleichsam naturgewollt keine Maikäfer mehr (Reinhard Mey). In den Folgewochen treten dann nahe verwandte Arten wie die Juni- und die Julikäfer mit sehr ähnlichem Verhalten und vergleichbaren Lebenszyklen auf.

Gibt es bei den Tieren .. Weibchen, die sich mehrere MÄNNER halten?

Polyandrie heißt der Fachausdruck – und wenn schon ein Fachausdruck existiert, gibt es sie auch, die Vielmännerei. In einem solchen Paarungssystem sind die Weibchen polygam, die Männchen in der Regel monogam. Ist ein Weibchen nacheinander mit verschiedenen Männern verpaart, handelt es sich um sukzessive Polyandrie, hält sie sich gleichzeitig mehrere Sexualpartner, spricht man von simultaner Polyandrie. So paaren sich die Weibchen des amerikanischen Gelbstirn-Blatthühnchens mit bis zu vier Männchen. Diese brüten dann jeweils vier Eier in schwimmenden Nestern aus und versorgen auch die Jungen. Dabei verlassen die Weibchen ihre Partner nicht und halten zu allen eine Beziehung aufrecht. Bei Tieren ohne feste Partnerbindung und auch unter vielen Säugetier-Clans ist Vielmännerei entweder rein von der zufälligen Begegnung abhängig, innerhalb der Sozialstrukturen möglich, seltener sogar regelmäßig vorgesehen (wie beim Nacktmullweibchenstaat). Soziobiologisch betrachtet kann es sich für ein Männchen durchaus auszahlen, mit einem anderen Männchen ein Weibchen zu teilen. Nämlich dann, wenn die Unterstützung seines Nachwuchses durch einen zweiten Helfer die Kosten einer geteilten Vaterschaft am Nachwuchs überwiegt. Vor allem bei härteren Umweltbedingungen und knappen Nahrungsressourcen kann dies von Vorteil sein. Ein Beispiel: Bei Heckenbraunellen, einem kleinen, unscheinbaren Singvogel, engagiert das Weibchen gerne ein zweites Männchen als Helfer bei der Jungenfütterung und gibt ihm gegen das Interesse des Alphamännchens eine sexuelle Chance. Der Vorteil der Vielmännerei liegt bei dieser Art in der Nahrungsbeschaffung. Weil Heckenbraunellen von extrem kleinen Futtertieren leben, wird die Fütterungsfrequenz der Jungen mithilfe eines Zweitmannes erhöht, denn nicht das Vorhandensein von Nahrung, sondern die rein zeitliche Begrenzung der Fütterungsflüge ist in der Regel der limitierende Faktor bei der Jungenaufzucht.

Bei den kleinen südamerikanischen Tamarin-Äffchen, die auch gelegentlich der Vielmännerei frönen, sind die Männchen untereinander nicht einmal aggressiv. Wegen der harten Umweltbedingungen haben junge Tamarinpaare nur geringe Chancen, ihre Jungen großzuziehen – es sei denn, es sind schon ältere Jungtiere da, die als Helfer fungieren. Ist dies nicht der Fall, springen nicht verwandte Geschlechtsgenossen des verpaarten Männchen ein, um sich gemeinsam um die Jungen zukümmern, dürfen dann aber auch mit dem Weibchen kopulieren.

Quasi „Kurzehen" gehen eine Reihe nordischer Watvögel wie etwa die Mornellregenpfeifer ein, indem sich die Weibchen mit einem Männchen verpaaren, es mit dem Gelege allein lassen, um mit einem weiteren Männchen eine neue Brut zu beginnen. Sukzessive Vielmännerei kann eine gute Möglichkeit sein, kurzfristige Brutchancen optimal zu nutzen, vor allem dann, wenn sie wie in den kurzen nordischen Sommern nicht jedes Jahr zur Verfügung stehen. Aussicht auf Erfolg kann solche Vielmännerei allerdings nur haben, wenn erstens die Männchen sich von Haus aus an der Brutpflege stark beteiligen und zweitens die mehrfache Gelegeproduktion des Weibchens durch gute Nahrungsbedingungen überhaupt möglich ist.
Wie kann man diesen komplizierten Partner-Beziehungen auf die Schliche kommen? Im Fall des Kleinspechts war es der Lauschangriff einer jungen Biologin mithilfe winziger Sender, der ihr den Weg zu den „Schlafzimmern" zeigte. Die Sensation war perfekt, als die Biologin bei einem Kleinspechtweibchen Vielmännerei nachweisen konnte. Die Spechtin Mary war zwar mit ihrem Peter vermählt und legte sechs Eier in dessen Höhle. Trotzdem flog sie regelmäßig zum Rendezvous mit einem anderen Männchen, dem Alex. Auch ihm legte sie weitere fünf Eier in die Höhle. Marys Kapriolen hatten zwar die Annahme widerlegt, Kleinspechte lebten streng monogam. Der doppelte Fortpflanzungserfolg gelang Mary dennoch nicht, weil Alex plötzlich verschwunden war.

Ist ein MARIENkäfer so alt wie die Punkte auf seinem Rücken?

Als wir Kinder waren und meist noch näher an der Natur aufwuchsen, war es ein beliebtes Spiel, das Alter der Marienkäfer anhand der Punkte auf den Flügeldecken zu bestimmen. Natürlich stellten wir fest, dass es rote Marienkäfer mit schwarzen Punkten, aber auch gelbe Schwarzgepunktete gibt. Doch das hielt uns kaum ab, unsere Zählerei in Frage zu stellen. Tatsächlich verraten uns die schwarzen Punkte – von zwei bis maximal 22 an der Zahl – zwar nicht das Alter, dafür aber die Artzugehörigkeit des gepunkteten Käfers, von denen es in Deutschland rund 80 Arten, weltweit sogar über 4.000 gibt. Der Siebenpunkt ist nicht nur unser bekanntester und häufigster Marienkäfer, sondern dieser „Käfer unserer Lieben Frau“, so seine Bezeichnung im Mittelalter, trägt auf seinen Flügeldecken Symbolik pur. Die Sieben war als heilige Zahl bei den Ägyptern, Hebräern und Griechen von Bedeutung. In ihr erschienen zum Beispiel die Planeten, die Wochentage, das Sabbatjahr der Juden, später die Sakramente der Katholischen Kirche und die Tugenden ebenso wie die Todsünden. Zählen sie beim nächsten Marienkäfer doch einmal nach!

Sehen wir MEERESalgen nur im Urlaub am Meer?

Die großen lederigen Braunalgen der Brandungsküsten leben in einem heftig bewegten Ambiente: Im stetigen Gezerre des Wellenschlags Rückgrat zu zeigen, wäre wohl völlig verfehlt. Tatsächlich sind die meisten Tange daher auf beachtliche Biegsamkeit bzw. Reißfestigkeit optimiert und können so fast jede mechanische Beanspruchung bestens ertragen. Möglich wird diese Sonderanpassung durch ihre besonderen Zellwandbaustoffe, die man bei den Braunalgen Alginat, bei den Rotalgen Agar bzw. Carragheen nennt. Diese Baustoffe sind spezielle Kohlenhydrate und mit der sonst bei Pflanzenzellwänden üblichen Zellulose chemisch verwandt. Im industriellen Maßstab lassen sie sich technisch vergleichsweise einfach gewinnen. Aus diesen völlig unbedenklichen Reinstoffen stellt man Gele genau berechenbarer Steifigkeit her, und vor allem diese Eigenschaft begründete die neuere technologische Karriere der Tange. Alginatzusätze sorgen beispielsweise dafür, dass die Zahnpasta so hübsch glatt aus der Tube quillt und im Speiseeis keine scharfkantigen Kristalle entstehen. Sie verhindern auch, dass die verwegene Sahnearchitektur einer Schwarzwälder Kirschtorte schon nach kurzer Zeit wieder erbarmungslos in sich zusammensinkt. Sogar der Druck dieser Buchseite kam mit Braunalgenhilfe zu Stande: Der Zusatz von Alginat zur Druckerschwärze verhinderte zuverlässig, dass die frisch aufgetragenen Buchstabenbilder im Papierbogen unkontrolliert unschön verlaufen. Alginate finden sich auch in vielen Kosmetika wie etwa Duschgelen und Handcremes. In manchen Arzneimitteln garantieren sie eine gleichmäßige Wirkstofffreisetzung über den Tag.

Wie kommt die MISTEL in die Baumkrone?

Vor allem in der kalten Jahreszeit fallen Misteln als kugelförmige, dichte und grüne Büsche in den sonst winterkahlen Laubbaumkronen auf. Bei ihrer Wuchsunterlage sind diese Aufsässigen ziemlich wählerisch. Laubholz-Misteln findet man nur auf Pappeln, Weiden, Birken, Hainbuchen, Robinien und Obstgehölzen (vor allem Apfelbäumen), niemals dagegen auf Buchen oder Eichen. Dem Wirtsbaumast, auf dem sie sich verankert haben, entnehmen sie lediglich Wasser und die darin gelösten Mineralsalze, nicht dagegen organische Baustoffe. Die können sie mit ihren gelbgrünen Lederblättern rund ums Jahr selbst herstellen. Daher gelten Misteln als Halbparasiten. Und wie kommen sie auf ihren Wuchsplatz in luftiger Höhe? Die Gallier glaubten, die Misteln fallen vom Himmel und bleiben im Geäst hängen. Deswegen waren ihnen diese interessanten Pflanzen besonders heilig – man erinnert sich an den Druiden Miraculix, der für Asterix und Obelix aus speziell geernteten Mistelzweigen einen Kraft spendenden Zaubertrank braut. Tatsächlich sind die Misteln für die Primärbesiedlung einer Baumkrone auf tierische Hilfe angewiesen. So haben vor allem Misteldrosseln eine besondere Vorliebe für die weißlichen Scheinbeeren. In deren klebriges Fruchtfleisch sind die Samen mit der eigentlichen Fruchthülle eingebettet. Die überstehen problemlos die Magen-Darm-Passage durch den Vogel, landen mit dem nächsten Kotspritzer auf (eventuell) geeignetem Geäst und keimen dort aus. Ist der Mistelbusch erst einmal zur Fruchtreife herangewachsen, geht er auch zur Selbsthilfe über: Die kleinen Samen seilen sich an den zähen Fruchtfleischfäden regelrecht ab, bis sie einen tiefer gelegenen Zweig treffen und sich darauf gleichsam selbst aussäen.

Warum umschwärmen MOTTEN das Licht?

Seit dem nicht ganz neuen Song „Männer umschwärmen mich wie Motten das Licht" weiß man von der unwiderstehlichen Anziehungskraft verführerischer Frauen. Doch während man(n) sich dabei höchstens die Finger verbrennen kann, enden die Anziehungskräfte künstlicher Lichtkörper für Motten meist tödlich. Erklärung: Motten und andere nachtfliegende Insekten verwechseln das Kunstlicht mit dem Mond, den sie zur Navigation nutzen. Um geradeaus zu fliegen, steuern sie immer im selben Winkel auf den Himmelskörper zu. Das kann funktionieren, weil der Mond so „unendlich" weit weg ist. Wird er mit einer heller leuchtenden Lichtquelle verwechselt, ob Straßenlaterne oder Schlafzimmerlampe, kann es für die Motten brenzlig werden. Die ständigen Kurskorrekturen, die bei künstlichen Lichtquellen vorgenommen werden, enden unweigerlich in einem in die Lampe führenden Spiralflug. Wir können dieses Phänomen als Autofahrer nachempfinden. Während der Mond für uns auch im fahrenden Auto stehen bleibt, fliegen die Straßenlaternen nur so an uns vorbei. Und noch etwas haben Motten mit manch einem nächtlich aktiven Mann gemeinsam: Beide sind auf ihrem „Flug“ durch die Nacht oft ziemlich „sexgesteuert“.

Warum bekommt man MUSKELkater?

Das Gefühl kennt wohl jeder: Nach einer ungewohnten oder besonders starken muskulären Anstrengung treten meist erst nach Stunden Schmerzen in den betroffenen Muskelpartien auf, die bis zu einer Woche andauern können. Diesen Muskelkater bekommen Untrainierte, wenn sie nach langer Pause sich wieder sportlich betätigen oder eine neue Sportart beginnen. Aber selbst Leistungssportler sind nicht vor Muskelkater gefeit. Sie spüren den gleichen Schmerz bei neuen, schwierigen Bewegungsübungen oder wenn sie sich in Wettkämpfen stärker als im Training auslasten. Die vom Muskelkater betroffenen Muskeln sind dann steif, hart und eigenartig kraftlos. Sie schmerzen sowohl bei Bewegungen als auch beim Drücken. Über die Ursachen dieses „Katers", der sich wohl von „Katarrh" ableitet, ist man sich noch nicht völlig einig. Früher ging man von einer Übersäuerung des Muskels durch Milchsäure aus. Gegen die Übersäuerungs-These sprechen allerdings mehrere Gründe. So tritt Muskelkater hauptsächlich bei ungeübten Sportlern und typischen Bürosofties auf, die sich überfordern. Das Laktat (Salz der Milchsäure) bildet jedoch sowohl der Anfänger als auch der Profisportler. Nach der Milchsäure-Hypothese müsste ein Muskelkater zudem besonders bei solchen sportlichen Betätigungen entstehen, bei denen hohe Laktatwerte gemessen werden, etwa beim 400-Meter-Lauf. Tatsächlich kommt der Muskelkater aber viel öfter nach dem Krafttraining, bei dem nicht so viel Laktat gebildet wird. Zudem besitzt Laktat nur eine Halbwertszeit von etwa 20 Minuten. Der Muskelkater tritt aber erst Stunden später auf, nachdem sich der Laktatspiegel schon längst wieder normalisiert hat. Heute geht man deshalb davon aus, und das zeigen Beobachtungen, dass durch die Überlastung kleine Risse im Muskelgewebe auftreten.

Warum wir nicht sofort einen Schmerz verspüren, hat einen einfachen Grund: Die Schmerznervenendigungen liegen außerhalb der Muskelfasern im Bindegewebe. Nur wenn auch dort Risse entstehen, spüren wir das gleich. Andernfalls müssen erst die beschädigten Strukturen in der Zelle abgebaut werden. Die Spaltprodukte können die Schmerznerven nach dem Austritt unmittelbar reizen oder mittelbar dadurch, dass sie Wasser in die Zelle ziehen. Das führt über Zellschwellungen zu Gefäßerweiterung. Damit verschlechtert sich die Durchblutung, was ebenfalls Schmerz verursacht. Muskelschmerz führt außerdem zu einer reflektorischen Verspannung (Muskelhärte), die eine Durchblutung weiter vermindert und so in einem Teufelskreis den Schmerz verstärkt – womit das verzögerte Auftreten des Muskelkaters plausibel ist.

Warum sind manche Tiere NACHTaktiv?

Als Säugetiere kommen wir eigentlich aus der Nacht. Von ihrer 200 Millionen Jahre dauernden Entwicklung blieben Säugetiere mindestens 150 Millionen Jahre im „Schatten" der großen Echsen. Das Erdmittelalter stand ganz unter ihrem Regime und die urtümlichen Säugetiere hatten nur die Chance der Nacht. Wegen ihres gleichwarmen Körpers konnten sie nächtens Gliedertiere jagen, weil ihre Muskeln nicht so viel Leistung erzeugen mussten, während die kleineren Echsen – wie heutige Eidechsen – als direkte Nahrungskonkurrenten schnell auskühlten und zur Trägheit und Ruhe verdammt waren. Es waren wohl die übermächtigen Feinde und Konkurrenten, aber auch die besseren Nahrungsbedingungen, die urtümliche Säuger zu „Nachtschwärmern" machten. Noch heute sind Feinddruck, Konkurrenzvermeidung und Nahrung die entscheidenden Kriterien, ob eine Tierform tag- oder nachtaktiv ist. Viele kleine Arten heutiger Säugetiere sind in der Nacht aktiv. Die Fledermäuse als Nachtflieger halten nahezu konkurrenzlos die ökologische „Nische" Nacht besetzt und unter den Vögeln sind vor allem die Eulen, Schwalmvögel und Kiwis „Nachtarbeiter". Allen gemeinsam ist die Entwicklung ganz besonderer Fähigkeiten und Orientierungsleistungen, um sich im Dunkeln nahrungssuchend zurechtzufinden.

Zu den faszinierendsten Nachtgeschöpfen zählen neben Fledermäusen zweifellos die Eulen. Als nachtaktive Jäger konnten sich die Eulen hervorragend die meist nachtaktiven Kleinsäuger als ihre Hauptbeutegruppe erschließen und gleichzeitig dem Konkurrenzdruck durch tagaktive Greifvögel ausweichen. Die konsequente Ausnutzung der „Nische Nacht" erfordert allerdings auch hochspezielle Anpassungen des Organismus. So sind Eulenaugen auf maximale Ausnutzung des Restlichts angelegt. Die großen Pupillen weiten sich bei Dunkelheit fast zur gesamten Augenöffnung aus, um möglichst viel Licht durchzulassen, was im Vergleich zu uns etwa dem 2,7-fachen Lichteinfall entspricht. Zur Vermeidung einer weiteren Streuung des schwachen Nachtlichtes bedeckt die lichtempfindliche Netzhaut im Eulenauge nur eine kleine Fläche des Augenhintergrundes und weist zur Wahrnehmung der Hell-Dunkel-Kontraste vorwiegend Stäbchenzellen auf. Im Gegensatz zu den nachtaktiven Säugetieren fehlt den Eulen das „Tapedum lucidum“ als reflektierende Netzhautschicht, weshalb Eulenaugen zwar die Dämmerungsleistung von beispielsweise Katzenaugen nicht erreichen, die des Menschen aber noch um das Drei- bis Zehnfache überbieten. Dämmerungs- und tagaktive Vogeljäger, wie beispielsweise der Sperlingskauz, sehen deutlich schlechter als der Mensch, besitzen aber in der Netzhaut Zapfenzellen zum Farbsehen.

Im Gegensatz zu den Höhlen bewohnenden Fettschwalmen fehlt den Eulen die Fähigkeit zur Echoortung. Dafür haben sie ein sehr leistungsfähiges Richtungshören entwickelt. Durch den asymmetrischen Aufbau der Ohren kommt es zu einem um Millisekunden versetzten Eintreffen der Schallwellen, so dass die Geräuschquelle punktgenau lokalisiert werden kann. Das Orten der Beute geschieht dann durch das Drehen des Kopfes, so dass die Lautstärke an beiden Ohren gleich stark ist. Durch den Gesichtsschleier der Eulen werden die feinsten Raschelgeräusche der Beutetiere gebündelt und bis zu zehnfach verstärkt zu den Gehöröffnungen, die neben den Augäpfeln liegen, geleitet. Zudem können sich Eulen Hindernisse und Strukturen in ihrem engeren Lebensraum einprägen und ihre Flugbahn etwa in einem dunklen Kirchturm im Blindflug bewältigen. Der lautlos-weiche Eulenflug vermeidet sogar Ultraschall, der von Nagetieren wahrgenommen werden könnte.

Weitere „Nachtspezialisten“ sind die Schwalmvögel, in Europa durch die Familie der Nachtschwalben mit den zwei Arten Ziegenmelker und Rothals-Ziegenmelker vertreten.

Können NACHTfalter jagenden Fledermäusen entkommen?

Eben noch hat ein Nachtfalter seine Bahnen um eine Straßenlaterne gezogen, um urplötzlich in Spiralen und Loopings nach unten wegzutauchen. Sekunden später taucht eine Fledermaus im Lampenschein auf. Dank seiner „offenen Ohren" hat der Nachtfalter seine heranjagende Jägerin rechtzeitig bemerkt. Mit den „Insektenohren" können Nachtfalter Fledermausrufe im Ultraschallbereich hören. Sie leiten sich von bereits existierenden Sinnesorganen, den Chordotonalorganen, ab und können arttypisch an verschiedenen Stellen des Insektenkörpers sitzen: am Kopf, Brustteil, Hinterleib oder an den Flügeln.

Nicht nur viele Nachtfalter, auch einige Netzflügler, Grillen, Heuschrecken, Gottesanbeterinnen und Käfer sind im Besitz solcherart Hörgeräte. Die Vielzahl der unterschiedlichen „Hörgeräteträger" spricht dafür, dass das Hören von Fledermausrufen mehrfach und unabhängig entwickelt wurde.

Insektenohren sind meist so gut, dass ihre „Besitzer" zwischen starken und schwachen Signalen unterscheiden und somit die Entfernung ihres Feindes einschätzen können. Das ergibt einen Vorteil des Gejagten vor dem Jäger: Während dieser das Signal „Gefahr im Anflug" erhält – Nachtfalter können Fledermausrufe aus 20 bis 40 Metern Entfernung hören – muss der Jäger noch auf das Echo des angepeilten Insekts warten. Seine Peilrufe legen die doppelte Strecke zurück, nämlich Fledermaus–Insekt–Fledermaus, wobei sich seine Rufe auch noch durch den Luftwiderstand rasch abschwächen.

Wie bei jeder „Räuber-Beute-Beziehung" findet auch zwischen Fledermäusen und Insekten ein entsprechendes „Wettrüsten" statt. So orten manche Fledermäuse sehr leise oder lokalisieren ihre Insektenbeute allein anhand deren Lautäußerungen, indem sie die Krabbelgeräusche wahrnehmen oder, wie bei einem Lauschangriff, die Verständigungssignale der Insekten untereinander abhören. Andere

Nachtfalter wiederum, wie zum Beispiel schlecht schmeckende Bärenspinnerarten, signalisieren den Verfolgern ihre Ungenießbarkeit durch Klicklaute. Weil diese Klicks in Intensität, Dauer und Frequenzmuster den Fledermausrufen entsprechen, vermuten manche Forscher, dass die Insektenlaute für Fledermäuse wie Störsender wirken.

Wie finden NACHTfalter bei Dunkelheit zu den Blüten?

Die zusammengesetzten Augen, die so genannten Facettenaugen der Falter, haben halbkugelige Gestalt. Sie vermitteln dem Schmetterling ein grobes, rasterartiges Bild der Umgebung. Auch kann er damit verschiedene Farben wahrnehmen. Bei den am Tage fliegenden Arten ist dieses Wahrnehmungsvermögen für das Erkennen der Geschlechtspartner und der Nahrungsquellen, vor allem der Blüten, bedeutsam. Die Nachtfalter hingegen müssen sich mittels des schwachen Himmelslichtes und des starken Duftes der Falterpflanzen zurechtfinden. Pflanzen, die nachts ihre Blüten öffnen, duften dann intensiv, wenn sie in erster Linie auf das Anlocken von Nachtfaltern aus sind. Diese Nachtfalterblüten sind meist hell, weiß, violett oder rötlich gefärbt und längst nicht so bunt wie die von Tagfaltern bevorzugten Blüten. Dafür entfalten einige Pflanzen erst nach Anbruch der Dämmerung oder sogar erst in den frühen Morgenstunden ihre Blüten. Viele dieser Blüten reflektieren das fürs menschliche Auge unsichtbare, für zahlreiche Insekten wie die Nachtfalter aber sichtbare, kurzwellige ultraviolette Licht. Anderen entströmt bei Dämmerung ein süßer Duft. Einmal angelockt, ernähren sich die Schwärmer im Schwirrflug vom Blütennektar, während die Eulenfalter sich zum Saugen auf den Blüten niederlassen.

Auf den ersten Blick scheint die Verfügbarkeit von Nektar als Nahrungsressource für Nachtschmetterlinge günstiger als für Tagfalter.

N

Andere Nahrungskonkurrenten wie Nektar oder Pollen fressende Wildbienen, Schwebfliegen und Käfer sind, mit wenigen Ausnahmen, nur tagaktiv. Allein einige Flor- und Köcherfliegen, Raupenwespen sowie Mücken sind ebenfalls nachtaktive Blütenbesucher. Doch die Konkurrenz um den Nektar in der Nacht ist letztlich nicht geringer als am Tage, da nur wenige Blüten nachts geöffnet sind und Nektar produzieren. Zur Vermeidung zwischenartlicher Konkurrenz haben sich Nachtfalter deshalb unterschiedlich spezialisiert: Sie haben unterschiedlich lange Saugrüssel, sind zu verschiedenen Jahres- und Tag(Nacht)zeiten unterwegs oder pflegen arteigene Strategien beim Blütenbesuch. So können verschiedene Nachtfalterarten dieselben Blüten zur selben Zeit besuchen und trotzdem durch unterschiedliche Ausbeutungsstrategien der direkten Konkurrenz entgehen. Während eine Art unter hohem Energieaufwand möglichst viele Blüten besucht, werden von einer anderen in der gleichen Zeit viel weniger Blüten und damit entsprechend weniger Nektar genutzt, allerdings mit bedeutend weniger Energieeinsatz. Zwar sind die Nachtbars der Schmetterlinge nur „schummrig“ beleuchtet, doch dank UV-Sehen ihrer nächtlichen Gäste und intensiven Düften nicht zu verfehlen.

Welcher Adler kreist auf dem deutschen NATURschutz-Schild?

Dreiecksschilder in Rot, Weiß und Schwarz kennt jede Auto fahrende Nation als Hinweiszeichen zur Bewältigung bestimmter Verkehrssituationen. In der Farbkombination Grün, Weiß und Schwarz regeln sie sozusagen die Vorfahrt für die Natur, denn mit solchen Schildern sind die verschiedenen Schutzkategorien wie Naturdenkmale, geschützte Landschaftsbestandteile sowie Landschafts- und Naturschutzgebiete gekennzeichnet. Auf dem markanten Dreieck zieht ein imposanter Adler mit ausgebreiteten Schwingen seine Kreise.

Nun haben Adler in der Heraldik und staatlichen Emblematik schon seit langem ihren festen Platz, gelten sie doch üblicherweise als Verkörperung von Kraft, Können und Überlegenheit. Da die heimischen Adlerarten heute recht selten sind und allesamt auf der Roten Liste der bedrohten Arten stehen, erscheint die Motivwahl für die behördlich angebrachten Naturschutzschilder durchaus nachvollziehbar.

Heimische Art? Der deutsche Schild-Adler ist eindeutig mit einem weißen Kopf dargestellt, aber ein solches Merkmal kommt bei den heimischen Großgreifen gar nicht vor. Der genauere Vergleich bringt die nötige Klarheit: Auf unseren Naturschutzschildern segelt tatsächlich der nordamerikanische Weißkopfseeadler, das Wappentier der USA. Absicht, Missgriff oder Schildbürgerstreich?

In den 1950er Jahren musste die Freie Hansestadt Hamburg nach einer gerichtlichen Auseinandersetzung ein stadtstaatliches Naturschutzgebiet besonders kennzeichnen. Man wählte dazu ein Schild in der Größe eines üblichen Verkehrszeichens und als Bildvorlage das Foto eines Weißkopfseeadlers aus dem Archiv der berühmten Audubon-Gesellschaft, die in den USA dem Naturschutzbund Deutschland (NABU) entspricht. Die mit der Schildgestaltung beauftragte Grafikerin zeichnete exakt diesen Adler vorlagengetreu mit allen arttypischen Details ab, und das Schild ging in Produktion. Niemand störte sich an der falschen Artwahl – selbst dann nicht, als es später auch in den übrigen (alten) Bundesländern eingeführt wurde. Während der amerikanische Weißkopfseeadler bundesweit immer noch auf vielen tausend grünweißen Schildern unterwegs ist, hat Hamburg sein Naturschutzemblem unterdessen grafisch und avifaunistisch überarbeiten lassen: Die schwarze Kopfeinfärbung, dazu Schnabelform und Handschwingenfächer zeigen nun eindeutig den heimischen Seeadler, den Wappenvogel der Bundesrepublik Deutschland.

Leben wilde PAPAGEIEN in Deutschland?

So mancher hat auch bei uns einen Vogel. Kanarienvögel sind besonders beliebt, aber häufig findet man unter den Käfigvögel auch andere Arten – gelegentlich nicht unbedingt im Einklang mit den geltenden Artenschutzbestimmungen wie beispielsweise im Fall der Papageien. Bislang war Europa der einzige Kontinent, auf dem von Natur aus wild lebend keine Papageien vorkommen. Das hat sich innerhalb der letzten Jahre gründlich geändert, denn gleich mehrere Arten haben sich unterdessen in der heimischen Vogelwelt etabliert. Manche dieser Tiere wurden ausgesetzt, andere entkamen aus ihren Transportbehältern oder Käfigen. Erstaunlicherweise schafften sie es, die für sie ungewohnten Winter zu überleben und sich sogar erfolgreich zu vermehren. So bevölkern den

Stuttgarter Rosensteinpark seit Jahren einige Dutzend südamerikanische Gelbscheitelamazonen. Zwischen Nürnberg und Würzburg kann man Mönchsittiche beobachten, in Hamburg leben Alexandersittiche, und entlang des Rheins bis nach Köln sind mehrere Populationen von grasgrünen und sehr lautstarken Halsbandsittichen bekannt. Ähnlich wie man die aus gänzlich anderen Regionen eingebürgerten Pflanzenarten Neophyten nennt, bezeichnet man die ursprünglich fremdländischen Tierarten als Neozoen. Ihr Anteil an der heimischen Fauna ist beachtlich. Zu den Neozoen gehören auch nicht nur Vogelarten wie die Papageien oder diverse Muschelarten in den größeren Fließgewässern, sondern immer häufiger auch Insektenarten und andere Gliedertiere.

Leben in der Hängetüte: Sozialwohnung aus PAPPmaché?

In ein Wespennest zu greifen, ist eine besondere, aber sicherlich keine empfehlenswerte Erfahrung. Je nach betroffener Wespenart hat man sofort eine äußerst entschlossene und recht eindringliche Armada gegen sich – wohl nachvollziehbar, denn wie würden Sie auf einen massiven Einbruch in Ihre Wohnung reagieren? Übrigens: Wespen sind erstaunlich friedliche und unproblematische Nachbarn, wenn man sie in Ruhe (und fallweise auch vom Pflaumenkuchen naschen) lässt.

Wenn die Gelbschwarzen im Herbst ihre Sozialwohnung verlassen haben, weil nur die regierende Königin anderswo überwintert, kann man sich das grauschwarze Gebäude völlig gefahrlos ganz aus der Nähe ansehen. Seine mehrlagigen Bauteile sind hauchdünn wie Papier, aber dennoch erstaunlich tragfähig – so wie auch die inhaltsschwere Doppelseite einer großformatigen Wochenzeitung nicht unter dem Eigengewicht reißt, wenn man sie an einer Ecke hochhebt.

Tatsächlich bestehen die Konstruktionselemente einer Wespenwohnung aus zerkauten und wieder verklebten Pflanzenfasern, nicht grundsätzlich anders als jedes Schreib- und Zeitungspapier oder jede Seite dieses Buches. Die Sommerwohnung eines Wespenvolkes ist somit eine Hängetüte mit komplexem Innenausbau.

Jedes Konversationslexikon schreibt die Erfindung des Papiers den Chinesen zu. Schon im ersten nachchristlichen Jahrhundert soll der wunderbare Werkstoff aus Pflanzenstängeln in Fernost in Gebrauch gewesen sein. Diese technikgeschichtliche Zuweisung ist dringend revisionsbedürftig: Die sozialen Faltenwespen beherrschten die Papierherstellung mindestens ein paar Jahrhunderttausende früher.

PILZE sind Pflanzen – oder etwa nicht? Mit ausgefallenen Inhaltsstoffen retten sie fiebergeschüttelten Patienten das Leben. Andere lassen mit erbarmungslosen stofflichen Attacken ganz buchstäblich das Dach über dem Kopf einstürzen. Etliche Vertreter dieser seltsamen Gilde sind klangvolle Verheißungen auf der Menükarte, einige verderben binnen weniger Tage die Ernte eines vielversprechenden Sommers. Essen kann man sie alle – manche allerdings nur einmal, denn ein paar tückische Arten durchtrennen unerbittlich und letztlich sehr erfolgreich den Lebensfaden, eventuell schon Stunden nach dem verbotenen Genuss. Die Rede ist von Antibiotika produzierendem Pinselschimmel, zersetzendem Hausschwamm, kulinarisch verzückender Trüffel, Ernte gefährdendem Schwarzrost und dem tödlich toxischen Knollenblätterpilz. Die Pilze sind (nicht nur) nach biologischen Kriterien erheblich vielfältiger und interessanter als das üblicherweise zitierte Ensemble Champignon, Pfifferling und Steinpilz.

Pilze sind schon allein als Organismen und nicht nur als Freund oder Feind allemal höchst seltsame Lebewesen. Zum einen sehen sie in

ihrer verwirrenden Verschiedenartigkeit gänzlich anders aus als die meisten übrigen Akteure aus der lebenden Natur. Eine Blütenpflanze, einen Vogel oder gar ein Insekt kann man auch als Nichtfachmann ohne weiteres seiner Verwandtschaft zuordnen. Bei Pilzen gelingt eine solche eindeutige Etikettierung nicht immer, auch wenn Gestalten wie der rotweiße Fliegenpilz so etwas wie einen Pilz schlechthin darstellen. Hinzu kommen die merkwürdigen Namensgebungen: Neben Herbsttrompete, Goldröhrling, Klumpfuß oder Rotkappe verzeichnen die Pilzbücher auch so abenteuerliche Gestalten wie Papageiensaftling, Nelkenschwindling, Speitäubling oder sonstige „Fieslinge", die als zuverlässige Giftlieferanten ihren festen Platz schon in mancher politischen Ränkeschmiede der Antike hatten.
Aufbau, Inhaltsstoffe, Vermehrung und Lebensweise der Pilze sind so eigenartig, dass man Lorchel und Morchel, Parasol und Pantherpilz nicht mehr unkritisch bei den Pflanzen einsortiert. Da die seltsamen Hyphengeflechte der Pilze natürlich auch von sämtlichen Tieren grundverschieden sind, kam von dem amerikanischen Entomologen Robert H. Whittacker schon um 1970 der Vorschlag, diesen typenreichen Lebewesen gleichrangig neben den Pflanzen und Tieren ein eigenes Organismenreich zuzugestehen. Demnach besetzen die typischen Schlauch- und Ständerpilze, die vielen Schimmel und Schwammerl, die Roste, Mehltaue, Becherlinge, Leistlinge, Röhrlinge und Egerlinge einen gut unterscheidbaren eigenen Kronenteil am reich verzweigten Stammbaum des Lebens.

Wovon ernähren sich PILZE?

Bei den Tieren ist die Ernährungslage völlig eindeutig und von unserer eigenen nicht grundverschieden: Sie knabbern an Blättern und anderen zusagenden Pflanzenteilen oder verzehren tierische Teile, die sie erjagt, überfallen oder auf eine andere raffinierte Weise erbeutet haben. Bei den grünen Pflanzen ist die Sache weniger offensichtlich, aber leicht überprüfbar – sie begnügen sich tatsächlich mit Licht und Luft und produzieren organische Substanz durch den einzigartigen Prozess der Fotosynthese.

Aber wie handhaben denn die Pilze ihre Versorgung? Die Pilze haben sich vier verschiedene Wege erschlossen, auf denen sie an die benötigte Nahrung kommen. Sie bauen einerseits tote organische Substanz ab, beispielsweise Holzreste auf dem Waldboden oder Lebensmittel, die wir nicht genügend geschützt haben. Im ersteren Fall spricht man meist von Fäulnis, im zweiten von Verschimmeln. Andere Pilze ernähren sich parasitisch – sie zapfen einfach lebende Organismen an und zweigen ihren Bedarf von deren laufender Stoffproduktion einfach ab. Solche Pilze kennt man beispielsweise als Mehltau oder Roste auf Kulturpflanzen. Eine dritte Gruppe von Pilzen macht gemeinsame Sache mit den Wurzeln von Waldbäumen und bildet mit diesen eine gemeinsame, Mykorrhiza genannte Pilzwurzel. Die weitläufigen Pilzgeflechte im Boden umspinnen die Feinwurzelenden der Bäume und organisieren ihnen aus dem Boden Wasser sowie mineralische Nährstoffe. Als Gegenleistung erhalten sie von ihren Wirtswurzeln organische Stoffe. Zwischen vielen Baum- und Pilzarten bestehen enge und spezifische Partnerschaften: Erfahrene Pilzsammler wissen, dass man bestimmte Speisepilze jeweils nur unter Buchen, Eichen oder Lärchen findet.

Schließlich können sich einige Pilzarten auch tatsächlich räuberisch ernähren. Sie entwickeln im Boden winzige Klebefallen oder lassoartige Gebilde, an denen sich die in jedem Garten- oder Waldboden zahlreich vorhandenen Fadenwürmer fangen. Die solchermaßen festgesetzten Kleinsttiere werden durch Pilzgifte gelähmt und anschließend von Myzel durchwuchert, dass ihre Stoffvorräte restlos ausbeutet.

Warum ist POLLEN fast immer gelb? Pollen, wegen seiner Kleinheit auch einfach Blütenstaub genannt, muss zur Bestäubung und Befruchtung zwischen den Blüten ausgetauscht werden, damit überhaupt ein Frucht- und Samenansatz in Gang kommt. Viele Pflanzen nutzen dazu die Luftroute – sie schlagen ihre Pollenmassen buchstäblich in den Wind und lassen sie nach dem Flaschenpostverfahren verteilen. Massenversand garantiert dabei dennoch eine gute Trefferquote. Solche Pflanzen nennt man Windblüter. Dazu gehören beispielsweise alle Nadelhölzer, von den Laubhölzern beispielsweise Hasel und Birke, von den krautigen Pflanzen die Brennnesseln sowie die Gräser unter Einschluss der Getreidearten.

Schon im Spätwinter öffnen die Haselbüsche ihre gelben Kätzchen. Schüttelt man einen blühenden Haselzweig einmal kräftig durch, stiebt der hellgelbe Pollen gleich wolkenweise davon. Einige Wochen später öffnen sich die männlichen Blüten der Birken, dann die von Fichten und Kiefern. Auch sie verstreuen diese Nachricht im weiten Umkreis: Auf Fensterbänken, Autodächern und Wasserflächen schlagen sich die gelben Pollenbeläge nieder. In Gegenden mit hohem Nadelholzanteil spricht man sogar von Schwefelregen. Fällt nach mehreren Tagen Trockenheit einmal ein kräftiger Regenguss, schwemmt er die angesammelten Pollenniederschläge in hellgelben Streifen an Gehwegrändern oder zwischen dem Straßenpflaster zusammen. Auch die sommerliche Gras- bzw. Getreideblüte verbreitet Unmassen fliegender Kuriere – und alle sind sie hellgelb. Diese Farbausstattung kann kein Zufall sein.

Pollenkörner sind winzige Zellen. Die meisten sind nur etwa 40 Mikrometer groß. Ihr Auftrag ist es, das männliche Erbgut von Pflanze zu Pflanze zu tragen. Auf ihrer Luftroute gelangen sie leicht auch in höhere Schichten der Atmosphäre und sind dort eventuell viele Stunden oder sogar Tage lang der biologisch gefährlichen

UV-Strahlung ausgesetzt. Diese könnte das im Pollen transportierte Erbgut schädigen oder zumindest verändern – solche Einwirkungen sind gewiss nicht immer vorteilhaft. Daher muss ein wirksamer UV-Schutz bestehen, und den bieten tatsächlich die gelben Pollenpigmente. Es sind durchweg Carotenoide und damit Vertreter der gleichen Stoffklasse, die auch die Lichtschutzfaktoren in Sonnencremes oder -lotionen stellen. Den natürlichen Lichtschutz haben die tierblütigen Arten beibehalten. Bei ihnen übernimmt die kräftig gelbe Staubblatt- bzw. Polleneinfärbung allerdings noch Zusatzaufgaben als Locksignal an Blütenbesucher.

Wie viele PS hat ein Pferd? Neues entwickelt sich bekanntlich aus Altem. So war es auch, als in der zweiten Hälfte des 18. Jahrhunderts die ersten mit Dampf betriebenen Fahrzeuge aufkamen. Der Form nach waren sie durchweg noch Pferdekutschen. Auch in deren Leistungsbeschreibung lebte die bewährte Zugkraft des Pferdes fort: James Watt, der Erfinder der Dampfmaschine, führte als Einheit für die mechanische Leistung die Pferdestärke (PS) ein, damit man sich die Vorzüge seiner Maschinen besser vorstellen kann. Obwohl das PS im modernen Einheitensystem seit 1957 keinen offiziellen Platz mehr hat, ist es bei vergleichenden Fachsimpeleien unter Autofahrern immer

noch in Gebrauch. Streng physikalisch gilt die eigenartig krummzahlige Umrechnung 1 PS = 0,735499 Kilowatt = 735,499 Watt.
Aber bringt ein Pferd wirklich genau die Leistung von ein PS? Da mag es zwischen kraftprotzenden Kaltblut- und zartgliedrigen Dressurpferden gewiss größere Unterschiede geben. Geht man einmal davon aus, dass ein Kilogramm Muskelmasse im Durchschnitt eine Leistung von drei Watt bringt, dann schafft ein 600 Kilogramm schweres Pferd bei 180 Kilogramm Muskelmasse eine Leistung von 540 Watt oder knapp 0,75 PS. Nur für kurze Zeit leistet ein Kilogramm Muskelmasse aber auch bis zu 15 Watt. Umgerechnet entsprechen die etwa 3,5 PS.
Auch ein anderer Ansatz kommt zu dem Ergebnis, dass ein Pferd nicht strichgenau ein PS leistet. Als Pferde noch Gespanne zogen, galt als Faustregel, dass man ihnen zehn Stunden lang eine Zugleistung von zehn Prozent ihres Körpergewichtes mit vier Kilometern in der Stunde zumuten darf. Das ergibt umgerechnet etwa 650 Watt und damit rund 0,88 PS.

Was nesselt so schmerzhaft an den QUALLEN?

Es sind die Nesselkapseln, die unter Umständen so furchtbar nesseln. Als Fang- und Wehrorgane werden sie in riesiger Anzahl in der Haut der Quallen, aber auch der Polypen gebildet. Ihretwegen heißt diese Tiergruppe auch Nesseltiere.
Die Nesselkapseln werden auch Cniden oder Nematozyten genannt. Mit ihrem komplexen Aufbau gehören sie zu den höchst entwickelten Absonderungsbildungen, die von tierischen Zellen erzeugt werden. Sie dienen zum Überwältigen von Beute und als wirksame Waffe gegen Feinde. Die Nesselkapseln sind doppelwandige eiförmige Blasen, deren innere Schicht nach innen in den Hohlraum gestülpt ist und sich zu einem langen, hohlen Schlauch auszieht, der wie ein

Schiffstau aufgerollt ist. Die beim Einstülpen entstehende Öffnung ist durch die Außenschicht mit einem kleinen Deckel verschlossen. Dort ragt ein feiner Fortsatz, das Cnidozil, ins Wasser. Die Kapsel enthält eine giftige, ätzende Flüssigkeit, während der Schlauch von einer klebrigen Ausscheidung bedeckt ist. Wird dieser Fortsatz berührt, entlädt sich die Kapsel – je nach Typ auf dreierlei Weisen. Denn es lassen sich drei Typen von Nesselkapseln unterscheiden, die unterschiedliche Aufgaben übernehmen und sich oft zu Nesselbatterien vereinigen: Die Durchschlagskapseln besitzen am Grund des Schlauchs stachelartige Gebilde, die wie Stilette nach dem Ausstülpen in den Körper des Opfers eindringen und selbst die harte Panzerung eines Kleinkrebschens durchschlagen. Wickel- und Klebekapseln halten das Opfer durch Umwickeln seiner Körpervorsprünge oder Borsten bzw. durch ihre klebrige Oberfläche fest.

Jede Nesselkapsel „schießt" nur einmal und geht nach ihrer Explosion zugrunde. Sofort wird dort in der Außenhaut des Nesseltiers eine neue gebildet. Der Explosionsvorgang einer Nesselkapsel funktioniert ohne Beteiligung des Nervensystems in Bruchteilen von 0,0003 bis 0,0005 Sekunden. Mit klebende Nesselkapseln kann ein Polyp auch spannerartig am Substrat kriechen.

Dass das Gift der Nesselkapseln großer Quallen oder einer Portugiesischen Galeere ganz schön „nesselt" und zu Ausschlägen und Quaddelbildung führt, hat schon mancher Badeurlauber leidvoll erfahren müssen. Das Gift der im Pazifik beheimateten, zu den Würfelquallen zählenden „Seewespe" verursacht nicht nur Blasen und Schwellungen auf der Haut. Oft treten auch nach dem Nesselangriff der Seewespe Krämpfe und allgemeine Schwächezustände auf, die sogar zum Tode des Bertoffenen führen können. Auch wenn es hoffentlich nicht eine Seewespe war, die wir/die uns berührte(n), das Nesseln der anderen Würfelquallen ist ebenfalls so heftig, dass sie zu Recht auch Feuerquallen genannt werden.

Sind RABENvögel gefährliche „Killer“?

Während früher Rabenvögel als Verursacher oder Boten des Unglücks galten, das von verlorenen Schlachten über Hungersnöte, Seuchen und Hexeneinflug bis zum Verlieren der Unschuld reichte, stempelt man sie neuerdings zu gefährlichen „Killervögeln“ ab. Nicht nur unsere beliebten kleinen Singvögel, auch Junghasen, Lämmer und Kälber sollen sie auf dem Gewissen haben und in Hitchcock-Manier auch noch Menschen angreifen. Bei sachlicher Auseinandersetzung bleibt von diesen emotional bestimmten Vorwürfen nichts übrig. Richtig ist, dass Rabenvögel als Aasfresser sich früher an der Beseitigung der Schlachtopfer beteiligten. Die „Galgenvögel“ stellten sich gerne auch an Hinrichtungsplätzen ein, wenn sie ihnen Futter boten. Ansonsten liegt die große Stärke der Rabenvögel gerade darin, dass sie Spezialisten fürs Nichtspezialisiertsein sind. Nur so konnten sich Allesfresser wie Krähen und Elstern sehr erfolgreich in unseren Städten mit ihrem reichen Angebot an Aas und Speiseresten in Müll und Abfall ansiedeln.

Auch der Kolkrabe, der Sage nach Begleiter des germanischen Kriegsgottes Wotan, mit 64 Zentimetern Körpergröße der weltweit mächtigste Rabenvogel und größte Singvogel, konnte nach jahrhundertelanger Verfolgung wieder bei uns heimisch werden. Erst kürzlich konnte eine Tierfotografin aus Brandenburg die Kolkraben rehabilitieren. Nicht die Wotansvögel, sondern schlechte Haltungsbedingungen waren am Tod von Kälbern schuld. Die Kolkraben taten nur das, was sie in ihrer langen Evolution entwickelten und in der gesamten nördlichen Hemisphäre erfolgreich durchführen: das Beseitigen von Kadavern.

Auch die Aaskrähe, bei uns mit den Unterarten Raben- und Nebelkrähe vertreten, ist kein „Lämmerkiller". Mit ihren unspezifischen Werkzeugen, dem grabstockähnlichen Schnabel und ihren Lauffüßen, fehlt Aaskrähen im Gegensatz zu den Greifvögeln die notwendige „Ausrüstung" zum Töten größerer Beute. In den „Schafländern" Neuseeland und Schottland kennt man durch aufwändige Untersuchungen schon seit Jahrzehnten die Wahrheit: Alle angeblich von Rabenvögeln gekillten Lämmer und Schafe starben an anderen Todesursachen, beispielsweise durch echte Beutegreifer, an Krankheiten oder wegen Lebensschwäche. Verletzungen an den Tierkörpern, die nachweislich durch Raben stammen, waren nie Todesursache, sondern erfolgten immer nachträglich.

Selbstverständlich stellen Rabenvögel für uns Menschen keine Gefahr da. Scheinbare „Angreifer" entpuppten sich meist als Tiere, die von Menschen großgezogen waren und deren spielerisches Anfliegen man als Angriff missverstand. Allerdings verteidigen Vögel in der Brutzeit, wenn sie sich belästigt oder provoziert fühlen, ihren engeren Nistbereich manchmal mit heftigem Anfliegen und gelegentlich sogar mit Hacken. Dafür bekannt sind aber vor allem Möwen, im Binnenland auch Bussarde und manchmal Eulen, vor allem der Waldkauz.

Dem Menschen echt gefährlich mit sogar tödlich endenden Attacken wurden in freier Wildbahn nur Afrikanische Strauße, Höckerschwäne und die drei auf Neuguinea und im nördlichen Australien lebenden Kasuararten. Letztere haben bis zu zwölf Zentimeter lange, dolchartige Krallen. Wenn sie sich in die Enge getrieben fühlen und beim Hochspringen ausschlagen, können Kasuare mit ihren starken Krallen tiefe Wunden verursachen und leicht lebenswichtige Organe treffen. Das Verteidigungsverhalten der Höckerschwäne mit viel Gedrohe und Gezische im Nestbereich oder bei Anwesenheit von Jungen ist meist nur Schau. Allerdings kann ein Kopftreffer eines kräftigen Schwanenflügels durchaus mit der Schlagwirkung eines gefährlichen Boxhiebs verglichen werden. Die Gefährlichkeit der Rabenvögel bleibt dagegen ganz auf den Film von Alfred Hitchcock, den Meister des Gruselns, beschränkt: „Die Vögel".

Sind **RADIESCHEN** Knollen oder Rüben?

Klein, seit frühester Jugend ganz schön scharf und deshalb hochrot – so erklärt man sich das seltsame Erscheinungsbild des harmlosen Radieschens aus dem Frühbeet. Rein sprachlich ist es die Verkleinerungsform des Rettichs, den man in Bayern Radi nennt und dessen Namen sich wiederum vom lateinischen *radix* = Wurzel ableitet. Während der Radi eindeutig eine verdickte Wurzel darstellt, sitzen beim Radieschen die Wurzeln klar erkennbar unterhalb der Verdickung. Rein gestaltlich ist es daher gar kein kleiner Radi. Vielleicht ist der Radi eine Rübe, das Radieschen dagegen eine Knolle oder etwa umgekehrt?

Mit dieser Frage kann man sogar erfahrene Gärtner in Verlegenheit bringen. Die so sichtlich verdickten Speicherteile, die den eigentlichen Nutzwert mancher Kulturpflanzen ausmachen, können auf verschiedene Weise entstehen. Ist an der Verdickung nur ein pflanzliches Grundorgan beteiligt, spricht man von Knollen. Wurzelknollen sind folglich verdickte Wurzeln, Sprossknollen angeschwollene Teile der Sprossachse. Zu den nutzbaren Wurzelknollen gehören beispielsweise Batate und Maniok. Klassische Sprossknollen sind die Kartoffeln – die daran sitzenden „Augen“ sind typische Ruheknospen, die ebenso austreiben können wie die Knospen an einem Zweig. Das Radieschen ist ebenfalls eine Sprossknolle, wobei hier aber nur das unterste Achsenstück verdickt ist. Bei Kohlrabi und Knollensellerie sind es jeweils mehrere Achsenabschnitte.

Beteiligen sich an der Verdickung zum Speicherkörper dagegen zwei Organe, nämlich Sprossachsenabschnitt(e) und Hauptwurzel, spricht man jeweils von einer Rübe. Je nach beteiligtem Mengenanteil sind Wurzel- und Sprossrübe zu unterscheiden. Die Zuckerrübe ist ebenso eine Wurzelrübe wie Radi, Möhre (= Mohrrübe), Schwarzwurzel und Kohlrübe. Die Futterrübe ist dagegen eine Sprossrübe wie die mit ihr nahe verwandte Rote Bete. Den Unterschied kann man sich leicht merken: Wurzelrüben stecken zum größten Teil im Boden, Sprossrüben schauen immer mit den größten Teilen aus dem Boden heraus.

Warum brauchen manche Arten ein REVIER?

Ob Nahrung, Zuflucht- oder Nistmöglichkeiten: Alle Ressourcen sind natürlicherweise begrenzt. Da macht es Sinn, den Wohnbereich abzugrenzen und je nach Bedürfnis oder Funktion gegenüber Artgenossen, Geschlechtsrivalen oder Gruppenfremde zu verteidigen. Somit gibt es eine ganze Reihe von Revierformen, wie zum Beispiel Einzel-, Gruppen-, Vielzweck-, Nahrungs-, Paarungs-und Fortpflanzungsreviere.

Wohl am häufigsten werden Reviere von Männchen besetzt, optisch, akustisch oder geruchlich markiert und gegenüber anderen Männchen verteidigt. Diese Reviere dienen neben der Nahrungsaufnahme meist noch der Fortpflanzung und Aufzucht der Jungen. Der Vorteil eines Revierbesitzes liegt in der alleinigen Verfügbarkeit aller wichtigen Ressourcen durch die Revierinhaber. Vögel zeigen häufig durch Reviergesang, verschiedene Instrumentallaute und Imponierflüge ihren Revierbesitz an. Die Grenzen von Revieren sind oft durch natürliche Landmarken wie Waldränder, einzelne Bäume, Hecken, Senken, Flussläufe, Steine und Ähnliches gekennzeichnet.

Tiere, die ihr gesamtes Revier übersehen können, etwa Vögel von Baumwipfeln aus, Fische im Wasser oder beispielsweise Mähnenrobben im offenen Gelände, verteidigen jeden Punkt innerhalb der Reviergrenzen, wobei oft die Heftigkeit vom Zentrum zum Rand hin abnimmt. Bodenlebende Säugetiere sind vor allem in dicht bewachsenen Lebensräumen im Überblick stärker eingeschränkt und oft auch an wenige gangbare Pfade gebunden. Sie konzentrieren ihre Revier-Verteidigungsstrategie auf ihr Wegenetz und die wichtigsten Plätze, die es miteinander verbindet. Das sind zum Beispiel Schlaf-, Nahrungs-, Harn- und Kot-, Balz-, Trink- und Badeplätze sowie Scheuerstellen. Diese Plätze sucht der Revierbesitzer oft nach einem festen „Fahrplan“ auf. Trifft er dabei auf einen Rivalen, wird dieser vertrieben. Ist der Revierbesitzer zeitlich abwesend, können Artgenossen Pfade und Plätze ungehindert nutzen. Somit können sich Reviere von verschiedenen Individuen räumlich überschneiden, wie das etwa bei den Jagdgebieten unserer Hauskatzen der Fall ist. Durch Setzen von Urinmarken zeigen die Katzen an, ob gerade der „Durchgang verboten“ (frische Urinmarkierung) oder wieder „frei“ (alte Marke) ist. Auch innerhalb einer Tierart gibt es individuelle, altersabhängige und geschlechtsspezifische Unterschiede in der Art und Weise der Reviererbesetzung. Stärkere und aggressivere Tiere erobern im Allgemeinen größere Reviere, junge nehmen oft noch nicht, alte oft nicht mehr an den Auseinandersetzungen teil.

..Warum leben manche SÄUGETIERE so kurz, andere so lang?

Fast jeder hat es schon leidvoll erfahren: Unseren heiß geliebten Goldhamster oder das Zwergkaninchen mussten wir viel zu „früh“ beerdigen. Warum? Lang- und Kurzlebigkeit von Säugetieren hängen eng mit den Investitionen der Arten in ihren Nachwuchs sowie mit ihren Stoffwechselraten zusammen. Tiere mit geringeren Stoffwechselraten wie etwa Giraffen oder Elefanten können nicht so rasch wachsen. Daher verbleiben die Embryonen der meist größeren Arten relativ lang im Mutterleib. Auch nach der Geburt wachsen die Jungen langsamer heran. Weil die Jungen größerer Säuger im Verhältnis zum erwachsenen Tier sehr klein geboren werden, sind sie länger von mütterlicher bzw. elterlicher Fürsorge abhängig. Wäre ihr Wurfgewicht noch auf mehrere kleine Geschwister verteilt, würde sich der Aufwand für ihre Aufzucht noch weiter erhöhen. Daher sind vor allem bei großen Arten weniger Junge von Vorteil gegenüber vielen. Letztlich führen diese Trends bei Arten mit geringeren Stoffwechselraten zu längeren Generationen-

wechseln, d.h. höherem Lebensalter. Höhere Investitionen in den Nachwuchs nach dem Motto „Qualität vor Quantität" schlagen sich auch in längerem Leben nieder. Ein Beispiel: Wenn eine Giraffe, die so groß sein muss, um an ihre Blattnahrung zu gelangen, ihr erstes Junges trägt, ist die gleichzeitig geborene Zwergmaus schon einige Jahre tot und könnte in ihrer kurzen Lebenszeit mit hohen Stoffwechselraten rein theoretisch bis zu 10.000 Nachkommen hinterlassen haben. Wenn wir uns länger an Haustierindividuen erfreuen wollen, dürfen es halt keine Mäuse, Goldhamster oder Zwergkaninchen sein!

Können SÄUGETIERE etwas sehen, was für uns unsichtbar ist?

„Ich sehe was, was du nicht siehst … und das ist UV-Licht." Das könnten in den Tropen Mittel- und Südamerikas lebende und sich von Blütennektar ernährende Fledermäuse von sich behaupten. Entdeckt haben diese besondere Eigenschaft kürzlich Max-Planck-Wissenschaftler. Während Menschen mit drei Zapfentypen in der Netzhaut Licht mit Wellenlängen von etwa 400 bis 750 Nanometer in den Regenbogenfarben sehen können, wird Licht unterhalb von 400 Nanometer, das ultraviolette Licht, von unserer Linse und den Schutzpigmenten unseres Auges absorbiert. Es ist daher für uns unsichtbar. Da den Fledermäusen generell die für das Farbsehen erforderlichen Zapfenpigmente in ihren Augen fehlen, fangen sie das UV-Licht über das Rhodopsin ihrer Stäbchenpigmente ein. Ein solcher Mechanismus war für Säugetiere bislang unbekannt. Die Forscher stießen darauf bei Verhaltensexperimenten in einem künstlichen Lebensraum, in dem die Fledermäuse mit computergesteuerten „leuchtenden" Blüten konfrontiert wurden. Blüten besuchende Fledermäuse brauchen das UV-Sehen offenbar, weil die von ihnen besuchten Blüten im kalten Nachtlicht des Regenwaldes besonders stark das UV-Licht reflektieren. Ob die ungewöhnlich hohe UV-Empfindlichkeit tropischer Fledermäuse auf einen für Säugetiere bislang völlig unbekannten Fotomechanismus zurückzuführen ist, bleibt noch eine offene Frage.

Gibt es SÄUGETIERE, die wie Ameisen leben? Wenn viele Menschen auf engem Raum leben, bezeichnen wir das gerne als ameisenartig. Tatsächlich sind menschliche Sozialstrukturen typisch primatenhaft und haben mit denen von sozialen Insekten nichts gemein. Dennoch gibt es unter den Säugetieren mindestens zwei Arten, deren System der Fortpflanzung und Arbeitsteilung geradezu verblüffende Ähnlichkeiten mit den Formen sozialen Zusammenlebens der Bienen, Wespen und Ameisen aufweist. Beide Arten sind zu den Nagetieren zählende Sandgräberarten. Nacktmull und Damara-Graumull leben in Kolonien mit insektenartiger Sozialstruktur.

Der fast haarlose Nacktmull kommt in den Trockensavannen Kenias, Somalias und Äthiopiens in unterirdischen Kolonien vor, die meist um 80 Tiere, gelegentlich sogar mehr als 250 Tiere, umfassen. Innerhalb der Kolonie paart sich ein einziges Weibchen – die Königin – mit ein bis drei Männchen. Obwohl auch die anderen Weibchen fruchtbar sind, zeugen sie keine Jungen, solange sie in ihrer Geburtskolonie bleiben. Der Rest der Kolonie unterteilt sich in arbeitende und nicht arbeitende Mitglieder. Die kleineren Tiere sind die Arbeiter, die mithilfe ihrer mächtigen Muskelmasse im Kiefer in betonharten Böden Gänge graben, die Erde transportieren, die Futterkammern in Ordnung halten sowie Nahrung und Nistmaterial zum Gemeinschaftsnest bringen. Dagegen halten sich die großen Tiere die meiste Zeit im Nest bei der trächtigen Königin auf, umsorgen sie, kümmern sich mit um die Jungen. Sie eilen allerdings sofort herbei, wenn die Arbeiter einen Warnruf ausstoßen und es gilt, die Kolonie gegen Schlangen und andere Feinde zu verteidigen oder schadhafte Stellen auszubessern. Wenn die Jungen von der Königin abgesäugt sind, schließen sie sich den Arbeitern an. Einige von ihnen behalten diesen Status lebenslang, während andere größer werden und zu den Verteidigungsgruppen der Kolonie wechseln. Aus diesen größeren und meist älteren Tieren rekrutiert sich der fortpflanzungsfähige Nachwuchs. Die Nacktmull-Königin bringt in ein bis fünf Würfen pro Jahr im Durchschnitt je 14 Junge zur Welt, die sie ganz alleine säugt. Stirbt sie, tritt ein anderes, bisher nicht aktives Weibchen sehr rasch an ihre Stelle. Die Königin paart sich mit ein bis drei Männchen, während die anderen ihre Dienste als Arbeiter oder Verteidiger für diesen „Sozialstaat" leisten.

Bei den Nacktmullen und anderen Kolonie bildenden Sandgräbern besteht die Kolonie aus den Nachkommen sehr eng miteinander verwandter Würfe. Unabhängig voneinander durchgeführte Untersuchungen ergaben, dass sich die Koloniemitglieder von Nacktmullen so sehr genetisch ähneln, als hätten sie sich über 60 Generationen durch Inzucht fortgepflanzt. Schätzungsweise machen Paarungen zwischen Eltern und deren Jungen oder zwischen Geschwistern etwa 85 Prozent aus. Auch die sich nicht paarenden Sandgräber bleiben fortpflanzungsfähig. Doch während die Fortpflanzungskontrolle bei sozialen Insekten in erster Linie über Pheromone geschieht, beeinflusst die Trächtigkeit der Königin alle übrigen Koloniemitglieder. Kurz bevor die Jungen zur Welt kommen, bilden weibliche wie männliche Nacktmulle Zitzen aus, einige Weibchen sind sogar scheinträchtig. Offensichtlich reagiert die gesamte Kolonie auf chemische Stimulanzien des trächtigen Weibchens, die alle dazu veranlassen, sich um die Neugeborenen so zu kümmern, als ob es die eigenen Kinder wären.

Nachdem Insektenstaaten immer viele Köpfe umfassen, stehen Nacktmulle aufgrund ihrer Koloniegrößen dieser Staatsform näher als die Damaraland-Graumulle. Mit Koloniegrößen zwischen 14 und 25, maximal 41 Tieren, hat eine Graumull-Königin fast 10-mal weniger „Untertanen" als die Nacktmull-Regentin.

Was ist bei SÄUGETIEREN wahrer Kinderreichtum?

Mehrlingsgeburten sind für viele Säugetiere die Regel. Weil alle Jungen für eine gewisse Zeit ausschließlich von der mütterlichen Milchquelle leben, sind dem Kindersegen rasch Grenzen gesetzt. Mehr Junge pro Wurf als jedes andere Säugetier bekommt der Große Tanrek. Tanreks gehören zu den Insektenfressern, haben ein igelähnliches Aussehen und kommen in 23 Arten auf Madagaskar und mit einer Art auf den Komoren vor. Der Große Tanrek ist mit bis zu 39 Zentimetern Körperlänge und 1.500 Gramm Gewicht nicht nur der Größte, sondern mit bis zu 29 Zitzen halten die Weibchen auch diesen Rekord unter den Säugern. Solcherart ausgestattet können sie pro Wurf im Schnitt 20 Junge gebären und ernähren. Im Zoo Wassenaar in Holland gebar ein Tanrekweibchen sogar 31 Junge, von denen 30 überlebten. Auch Opossums (Beutelratten) gehören mit durchschnittlich 13 und maximal 21 Jungen zu den ganz Kinderreichen. Doch kein anderes Säugetier erreicht den Fruchtbarkeitsrekord der Großen Tanreks.

Gibt es SCHLANGEN, die fliegen können?

Bei vielen Reptilien findet sich die Neigung, den Körper zu verlängern und die Größe der Gliedmaßen zu reduzieren. Den Höhepunkt dieser Entwicklung erreichten die beinlosen Schlangen, die sich seitdem am Boden, im Geäst und zum Teil im Wasser schlängelnd fortbewegen. Und doch gibt es Schlangen, die fliegen können. Da stellt sich die Frage: Wie will ein beinloses, schlauchartiges Tier da ohne Extremitäten fliegen können? Während sich fast alle der rund 2.700 Schlangenarten raupenmäßig oder durch Seitenwinden immer schlangentypisch fortbewegen, schaffen die über Süd- und Südostasien mit fünf Arten verbreiteten Schmuckbaumnattern der Gattung *Chrysopelea* dennoch den Gleit-

flug. Diese Nattern leben auf Bäumen und ernähren sich vorwiegend von kleinen Echsen. Obwohl sie geschlossene Waldgebiete meist meiden, kommen sie dennoch recht schnell von Baum zu Baum: Sie springen. Dabei flachen sie ihren Körper horizontal ab und senken die Bauchdecke ein. So bieten sie einen größeren Luftwiderstand, wenn sie, je nach Art unterschiedlich gekonnt, im gebremsten Fall und mit kerzengerade gehaltenem Körper von Baum zu Baum springen. Dabei können sie Distanzen von zehn Metern und mehr überwinden. Wegen dieser Besonderheit nennt man sie manchmal auch

„fliegende Schlangen“, wobei es sich natürlich nicht um ein aktives Fliegen, sondern nur um ein Gleiten handelt. Aber selbst diese Technik haben sie uns voraus, die uns Menschen ohne Hilfsmittel nicht gelingen würde.

Was verbirgt sich hinter den seltsamen SCHLEIMspuren?

Manchmal sehen sie wirklich aus wie hingerotzt. Andere erinnern an zerfließende, abtropfende Farbkleckse oder verschmierte Butter vom Picknickbrötchen – seltsame, manchmal handflächengroße Gebilde auf Baumstümpfen, lagerndem Holz, nassen Felsen oder feuchtem Waldboden. Zeitweise nehmen sie die Konturen umherkriechender Nacktschnecken an und enden mit gestielten oder kissenförmigen Sporenbehältern, die wie winzige Lampions, aufgereihte Zaunlatten oder ausgestreute Liebesperlen aussehen.

Lange Zeit nahm man sie überhaupt nicht als Besonderheit wahr. Heinrich Anton de Bary, zunächst Arzt in Frankfurt und später Botaniker in Freiburg und Straßburg, befasste sich intensiv mit diesen Sonderlingen und nannte sie 1864 Mycetozoa („Pilztiere“). Heute heißen sie Schleimpilze – aber sie sind weder Tiere, eigentlich auch keine Pilze und schon gar keine Pflanzen, sondern mindestens ein paar Klassen für sich. Der Sammelbegriff „Schleimpilz“ bleibt somit eher ein Notbehelf. Ähnlich steht es um die deutschen Namen: Außer Blutmilch, Drachendreck und Hexenbutter, Lohblüte und Löwenfrüchtchen hat die Umgangssprache an Artnamen so gut wie nichts hervorgebracht. Diese Organismen sind überwiegend schlicht zu winzig, um überhaupt populär werden zu können.

Schleimpilze sind jedoch außerordentlich faszinierende Lebewesen. Buchstäblich bemerkenswert sind schon allein ihre auffälligen Färbungen. Von erdfarbenen Tönen oder gelegentlichem Lackschwarz abgesehen, zeigen sich etliche Arten in knalligem Chromgelb oder in edlem Purpur, dann auch in vielerlei Abstufungen von Kaffeebraun oder Azur- bis Taubenblau und manchmal sogar in apartem Schneeweiß. Einige erscheinen in metallischem Hochglanz, andere sind wie mit Puderzucker kalkig bestäubt.

Anhaltende Nässe lässt ihre Sporen in der Laubstreu, auf Gestein oder Totholz keimen. Dabei kriechen aus der Sporenhülle nackte, zellwandlose Einzeller, die ihren Lebensraum durchwandern und sich von Bakterien oder organischen Abfällen ernähren. Je zwei Individuen verschmelzen, und die daraus entstandene Zelle wächst bei guter Ernährung zu einem großen nackten Gebilde heran, dem makroskopisch sichtbaren „Schleimpilz". Bis zu fünf Zentimeter in der Minute kann sich eine solche Riesenzelle kriechend-fließend fortbewegen und ist damit sozusagen schneckenschnell. Auf ihrer Route verschluckt sie alles, was ihr zusagt. Sollte man beim Picknick in den Bergen oder auf dem Kompost im Garten ein wanderndes Plasmodium antreffen, kann man die Probe aufs Exempel anstellen: Brotkrümel und Zuckerstaub akzeptiert es sofort, Kochsalzkristalle umfließt es offensichtlich angeekelt.

Warum rutscht die SCHNECKE nicht vom Stängel?

Manche Eigenschaften der Schnecken sind geradezu sprichwörtlich: ihre Langsamkeit, das Schleimige und das Sich-Zurückziehen in ihr Haus. Doch Halt. Nicht alle Vertreter dieser Klasse der Mollusken verfügen über ein sichtbares Gehäuse. Neben den Gehäuseschnecken gibt es zahlreiche Arten, die nur über einen mehr oder weniger rückgebildeten, oft überwachsenen Gehäuserest verfügen – die Nacktschnecken. Allen gemeinsam ist ihr Kopffuß, welcher der Fortbewegung, Nahrungsaufnahme und sensorischen Erkundung der Umwelt dient. Die

Eingeweide befinden sich in einem, oft durch ein Gehäuse geschützten Eingeweidesack, in das man sich als Schnecke bei Gefahr oder als Schutz vor Austrocknung ganz zurückziehen kann. Der Schneckenfuß ist ein breites Gebilde mit einer flachen Sohle, auf der sich die Schnecke kriechend fortbewegt, wobei eine Anzahl von Drüsen durch Schleimabsonderung für die Schlüpfrigkeit der Sohle sorgt. Beim Kriechen auf einer Glasscheibe lässt sich die Funktion des Fußes besonders gut beobachten. Wenn wir uns dazu eine große Weinbergschnecke für kurze Zeit aus ihrem Lebensraum „ausleihen", lernen wir durch Beobachten zu verstehen, warum Schnecken nicht vom Stängel fallen. Unser „Versuchstier" gleitet auf einem unterhalb des Kopfes ausgeschiedenen Schleimband dahin. Durch wechselweises Zusammenziehen von Längs- und Quermuskeln werden auf der Sohle kopfwärts verlaufende Wellen erzeugt, die einem kaum merklichen Aufsetzen und Abheben von Teilen der Sohle entsprechen und so das Tier vorwärtsschieben. Dass es dabei, wie seine Artverwandten von unserer Scheibe im Experiment, in der Natur nicht vom Stängel rutscht, dafür ist das Schleimband verantwortlich, das nicht nur das Kriechen, sondern auch die Haftung am Untergrund vermittelt.

Warum rauscht das SCHNECKENhaus?

Gerade die großen und mit feinem Perlmutt glänzenden Häuser tropischer Meeresschnecken sind (leider!) immer noch besonders beliebte Sammlerstücke oder Erinnerung an den Traumurlaub unter Palmen am Südseestrand. Hält man die hübsch gewundenen Gehäuse an das Ohr, hört man sofort ein vernehmliches Rauschen. Kinder sind meist fest davon überzeugt, dass in der schicken Schneckenschale immer noch ein Rest von Meeresbrandung nachklingt. Erwachsene äußern dagegen eher die Einschätzung, mit der unzweifelhaft vorhandenen akustischen Erscheinung nehme man das Rauschen des eigenen Blutes wahr. Nun gibt es im Direktbereich des äußeren Ohres aber gar keine größeren Blutgefäße, deren Leitungsgeräusche man so deutlich hören könnte. Setzt man etwa am Ohrläppchen oder direkt vor dem Ohr ein ärztliches Stethoskop an, ist sogar rein gar nichts zu vernehmen.

Für das unzweifelhafte Rauschen im Schneckenhaus muss es eine andere Erklärung geben, und die liefert die Physik: Was uns die leere Meeresschneckenwohnung zu Gehör bringt, ist reine Resonanz: Die im ehemaligen Schneckenappartment ein- und beim Halten an das Ohr auch abgeschlossene Luftsäule wird durch leise, sonst kaum registrierte Geräusche aus der Umgebung zum Schwingen angeregt und verstärkt sie – ähnlich wie man die Luftsäule in einem Blasinstrument schwingen lässt. Die jeweils wahrnehmbaren Frequenzen hängen von den auslösenden Anregungsschwingungen und von der Größe des Schneckenhauses ab. Deshalb bietet jedes Schneckenhaus sein eigenes Rauscherlebnis. Mit Muscheln, die aus zwei flachen Schalenklappen bestehen und demnach keine Luftsäule umschließen können, funktioniert das „Meeresrauschen" übrigens nicht. Dagegen ist das Phänomen mit jedem beliebigen Hohlkörper zu erzeugen – mit einem leeren Wasserglas ebenso wie mit einem großen Kochtopf, den man sich überstülpt.

Warum blühen SCHNEEglöckchen schon so früh im Jahr?

Lange bevor sich das Kronendach der Bäume belaubt, breiten sich auf dem Waldboden üppigste Blütenteppiche aus. Zu diesem Zeitpunkt herrscht in den angrenzenden Wiesen und Feldern praktisch noch tiefe Winterruhe. Der typisch mitteleuropäische Laubwald erfährt seinen Blühhöhepunkt also geraume Zeit vor dem Laubaustrieb. Die gleichsam vor der Saison blühenden Waldbodenpflanzen sind allesamt ökologische Spezialisten. Sie haben sich auf einen Zeitraum eingerichtet, in dem es einerseits nicht mehr allzu kalt, aber auch noch nicht zu dunkel ist. Sobald sich nämlich die winterkahlen Bäume im noch wärmeren Frühjahr belauben, geht gleichsam der Sargdeckel zu – der Waldboden empfängt nur noch einen Bruchteil des Strahlungsangebots, das auf die Oberseiten der Baumkronen trifft, und versinkt wieder im Halbdunkel. Nur solange die Frühjahrssonne durch die noch kahlen Baumkronen scheint, erwärmt sich der meist dunkle Waldboden rascher als der Luftraum darüber, so dass hier Tagestemperaturen bis etwa 20 Grad Celsius keine Ausnahme sind. In erstaunlich kurzer Zeit nutzen die Waldbodenpflanzen diese Starthilfe.

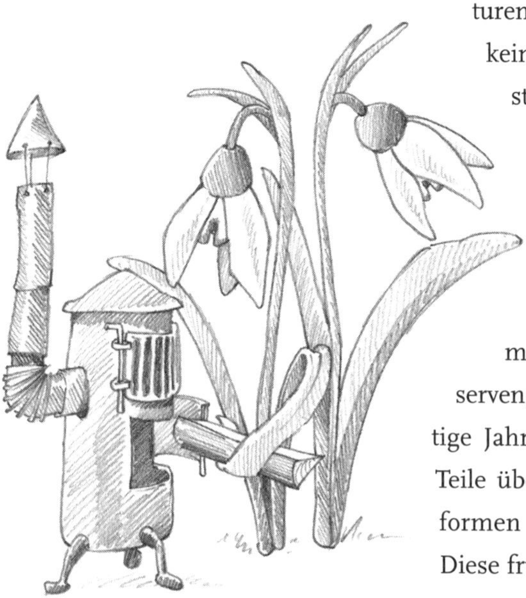

Alle Waldbodenpflanzen besitzen unterirdische Speicherorgane mit beträchtlichen Stoffreserven, mit denen sie die ungünstige Jahreszeit ohne oberirdische Teile überdauern. Solche Lebensformen nennt man Geophyten. Diese früh blühende Artengruppe des Waldbodens kann gleichsam ans Eingemachte gehen und die im Vorjahr eingelagerten Vorräte direkt nutzen. Märzenbecher, Schneeglöckchen, Goldstern und Bärlauch verwenden als Reserveorgan Zwiebeln, also gestauchte Sprossachsen mit dicken Speicherblättern. Leberblümchen, Buschwindröschen und Maiglöckchen besitzen dicke Rhizome (= Wurzelstöcke). Die Lerchensporne sind mit Sprossknollen ausgestattet. Beim Scharbockskraut dienen verdickte Wurzelknollen als Speicherorgan.

Viele Waldboden-Geophyten haben wegen ihres sehr frühen Blühtermins als Zierpflanzen Eingang in die Gärten gefunden, neben Schneeglöckchen auch Märzenbecher, Leberblümchen, Winterling, Hasenglöckchen und Traubenhyazinthe. Die Wildformen der Krokusse, Tulpen oder Hyazinthen stammen aus süd(ost)europäischen oder asiatischen Offenlandbiotopen und sind ökologisch vergleichbar eingerichtet, denn sie schließen ihren Entwicklungszyklus vor der artenreichen und oft sehr hochwüchsigen Staudenkonkurrenz des gleichen Standorts ab.

Warum gibt es keine SCHWARZEN Pflanzen?

Die Natur überrascht und erfreut immer wieder mit einer nahezu unerschöpflichen Farbpalette: Vom zartesten Pastellpink bis zum knalligsten Karminrot ist eine große Bandbreite aller nur denkbaren Farbstellungen zu erleben. Obwohl es schwarze Tiere und schwarze Pilze gibt, sind schwarze Pflanzen aber offenbar kein Thema. Oder doch? Auch wenn es das Alltagsempfinden anders will – Schwarz und Weiß sind physikalisch gesehen keine Farben. Als schwarz empfinden wir einen Körper, wenn er das gesamte auf ihn treffende Tageslicht durch Absorption verschluckt. Weiß erscheint er uns, wenn er den weitaus größten Teil des Lichtes reflektiert. Die Eigenfarbe eines Körpers, beispielsweise eines roten Apfels, ergibt sich daraus, dass die Apfeloberfläche vom weißen Tageslicht bis auf die reflektierten roten Wellenzüge alle andersfarbigen absorbiert. Die Blattfarbstoffe, die eine Pflanze grün erscheinen lassen, absorbieren vor allem die blauen und die roten Wellen. Im gesamten Grünbereich des Spektrums ist ihre Absorption dagegen sehr gering, aber interessanterweise nicht gleich Null. Pflanzen, die nicht gerade auf der Sonnenseite des Lebens wachsen, können nun die Nachteile ihres Schattendaseins dadurch ausgleichen, dass sie den Farbstoffgehalt ihrer Blätter stark erhöhen. Mit mehr Pigmentmasse können sie nun wirklich auch noch das vorletzte Lichtteilchen einfangen. Im Blau- und Rotbereich ist die Absorptionsfähigkeit aus rechnerischen Gründen über eine gewisse Maximalrate hinaus nicht möglich, wohl aber im grünen Teil des Spektrums.

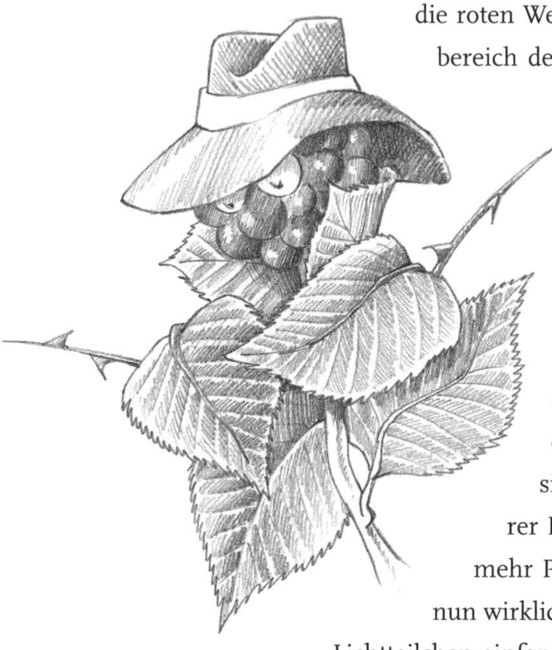

Pflanzen, die wesentlich mehr Blattgrün (Chlorophyll) je Blattflächeneinheit enthalten und damit ungleich mehr Licht verschlucken können als etwa ein bleichgrüner Kopfsalat, erscheinen tief dunkelgrün – bis tatsächlich fast schwarz. Die absoluten Schattenspezialisten des Waldinneren – Efeu, Brombeere, Immergrün oder Stechpalme – sind solche düsteren Erscheinungen. Die totale Schwärze praktizieren sie vermutlich nur deswegen nicht, weil sonst nicht genügend Licht in die tieferen Blattgewebe eindringen könnte.

Sind alle SCHWARZ-gelb gestreiften Insekten gefährliche Wespen? Das alte Gleichnis vom Wolf im Schafspelz findet sich zumindest im Tierreich auch umgekehrt. Für manche harmlosen Tiere (die Schafe in jenem Bild) ist es von Vorteil, wenn sie im Wolfspelz auftreten und so potenziellen Fressfeinden eine Gefährlichkeit signalisieren, die sie gar nicht besitzen. Sehr beliebte Vorbilder für verschiedene Nachahmer sind stechende Kerbtiere wie Hummeln, Bienen und insbesondere die schwarz-gelb gestreiften Wespen.

Schlüsselfigur in allen Fällen von Nachahmung, Mimikry genannt, ist stets der Empfänger, den es zu täuschen gilt. Empfänger sind zumeist räuberisch lebende Arten, etwa insektenfressende Vögel. Der Nachahmer, also das „Schaf im Wolfspelz", sendet an diese das Signal, das er im günstigsten Falle ungenießbar, im schlechtesten gar wehrhaft oder giftig ist – etwa Wespen. Daher gibt es viele Insekten mit wespenähnlichem Aussehen, die aber keine sind und dennoch denselben Schutz genießen: von Bockkäfern und Schwebfliegen mit Wespenzeichnungsmustern bis hin zur Wespenspinne. Und genauso schützt sich etwa auch der Hornissenschwärmer, ein schmackhafter Schmetterling durch seine falsche Warntracht, die der wehrhaften Hornisse bis zu den Flügeln verblüffend ähnelt. Mit diesem Trick entgeht der Hornissenschwärmer sogar zweimal dem Gefressenwerden: zum einen durch seine für Schwärmer nicht alltägliche Tagaktivität (siehe Seite 97), zum anderen durch seine „Schutzkleidung" für den Tag.

Wenn Angebertum zum Überlebenserfolg wird, sei dies allen falschen Wespen, ähm, Schafen im Wolfspelz erlaubt! Doch das Prinzip „Abschreckung durch Bluff" hat seine Grenzen. Das Konzept der Trittbrettfahrer kann nur dann aufgehen, wenn die Originale häufiger sind als ihre Fälschungen. Andernfalls würden Fressfeinde ziemlich schnell lernen, dass Wohlgeschmack die Regel, Ungenießbarkeit die Ausnahme ist. Womit sich die Schafe im Wolfspelz selbst überlistet hätten ...

Drehen SONNENblumen ihren Kopf stets der Sonne zu?

Sonnenblumen, ursprünglich in den Hochgrasprärien Nordamerikas heimisch, sind eine Zierde jedes Sommergartens. Ein noch stärkerer Hingucker sind sie, wenn sie gleich felderweise als Öllieferant angebaut werden. Und eigenartig genug: Alle Blütenköpfe schauen – fast wie beim Militär – in die gleiche Richtung zur Sonne. Ob sie – um beim militärischen Vergleich zu bleiben – nun auch dem täglichen Defilé der Sonne folgen? Das unterstellen ihr italienischer *(girasole)* und ihr französischer *(tournesol)* Name. Beide bedeuten übersetzt Sonnendreher. Demnach müssten die Blütenköpfe nach Sonnenuntergang um etwa 180 Grad nach Osten schwenken, um so am nächsten Morgen der aufgehenden Sonne entgegenzusehen.

Nichts dergleichen geschieht. Die Sonnenblumenköpfe sind auch bei Dunkelheit nach Süden orientiert. Die Ausrichtung der Blütenköpfe erfolgt nur einmal während der Entwicklung der Pflanzen. Einseitig stärkeres Stängelwachstum dreht die Köpfe in die Haupteinfallsrichtung des Sonnenlichtes, nämlich meist relativ genau nach Süden. Ebenso ist es übrigens bei den Einzelblüten des Fingerhutes, den man geradezu als Kompasspflanze bezeichnen könnte.

Nur wenige Blüten folgen dem Sonnenlauf tatsächlich mit wenigen kompletten 360-Grad-Runden, wie man mit Zeitrafferkameras dokumentiert hat. Dazu gehört die arktisch-alpin verbreitete Silberwurz *(Dryas octopetala)*. Allerdings folgt sie dem Sonnenlauf nur an Standorten nördlich des Polarkreises mit seinem 24-Stunden-Langtag.

Gibt es im Tierreich so etwas wie SPERMAbanken?

In der Veterinär- wie Humanmedizin sind Samenbanken längst Standard. Auch zur Erhaltung von vom Aussterben bedrohten Tierarten werden solche Spermabanken inzwischen angelegt und gepflegt. Doch auch in der Natur finden sie sich gar nicht so selten. Eine ganze Reihe von Tierweibchen kann das aufgenommene Sperma in ihrem Körper speichern, bevor damit ihre Eier befruchtet werden. Damit können die Weibchen von den besten Männern das Sperma übernehmen, wann immer diese gerade verfügbar sind, und zwar unabhängig davon, ob gerade auch die beste Zeit ist, Junge zu bekommen. Erst in nahrungsreichen oder wettergünstigen Zeiten wird das Ei befruchtet. Während zum Beispiel bei Hausschafen das Sperma im weiblichen Genitaltrakt bis zu zwei Tage verbleiben kann, bevor es zur Befruchtung kommt, und menschliches Sperma im Uterus der Frau bis zu fünf Tage befruchtungsfähig bleibt, bringen es Truthähne auf 117 Tage. Bei den Fledermäusen der gemäßigten Zonen ist es obligatorisch, dass die Paarungen im Herbst und Frühwinter stattfinden, das Sperma im weiblichen Uterus in inaktiver Form bis zum nächsten Frühjahr verbleibt und erst zum Eisprung wieder Bewegung in die monatelang „faulen“ Spermien kommt. Schlangen und Schildkröten können bis zu fünf Jahre lang befruchtungsfähiges Sperma in ihren Reproduktionsorganen speichern, wobei die Warzenschlange den Rekord mit sieben Jahren hält.

Warum fängt sich die SPINNE nicht im eigenen Netz?

Fast alle, abgesehen die unter uns mit ausgeprägter Spinnenphobie, haben schon einmal beobachtet, wie ein Insekt im klebrigen Netz einer Spinne zappelt, um kurz danach von der Erbauerin eingewickelt und ausgesaugt zu werden. Die achtbeinigen „Killermaschinen“, Spinnen genannt, wirken auf uns zugleich faszinierend und abstoßend. Schließlich fangen und fressen sie nicht nur andere Insekten. Bei Hunger – und oft genug nach dem Liebesakt – werden Spinnen nicht selten sogar zu Kannibalen. Doch wie schaffen sie es, sich nicht selber im eigenen Netz zu verstricken und darin unentrinnbar wie ihre Beute kleben zu bleiben? Die Lösung dieses Rätsels findet sich in den Spinnfäden. Denn nicht alle zu den kunstvollen Netzen gesponnenen Fäden kleben auch. Die äußeren Rahmenfäden und die zur Mitte hin wie Speichen eines Fahrrads verlaufenden Radial- oder Speichenfäden kleben nicht. An ihnen kann kein Insekt, somit auch nicht die Spinne, haften bleiben. An den Rahmen- und Speichenfäden turnt die Spinne hauptsächlich durch ihr Netz. Klebewirkung haben nur die Fäden der kreisförmig zwischen Rahmen und Netzzentrum verlaufenden Fangspirale. Auf die trägt die Spinne beim Bau der Fangspirale mit einer speziellen Drüse tropfenförmig eine proteinhaltige Flüssigkeit mit klebender Wirkung auf.

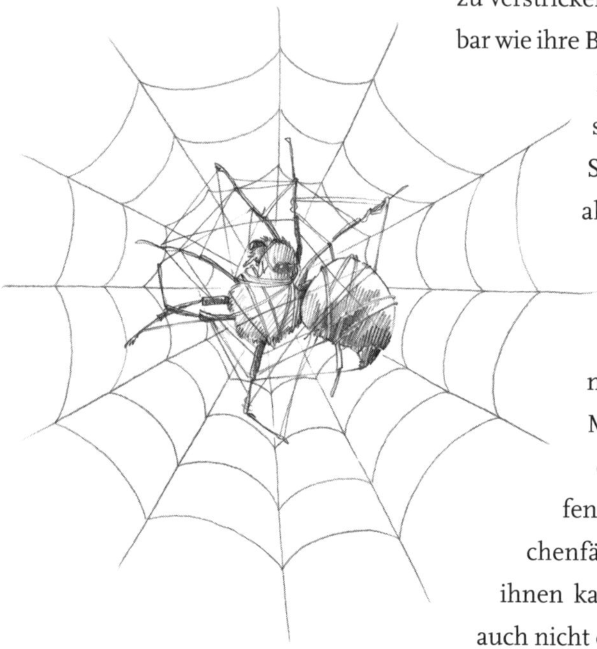

Die Fäden der Fangspirale sind sehr viel elastischer als der restliche Netzteil. Insekten, die mit hoher Geschwindigkeit darauf auftreffen, sollen das Netz schließlich nicht zerreißen, sondern in der federnd nachgebenden Falle kleben bleiben. Zappelt ein Insekt im Netz, eilt die Spinne über die Radialfäden zur Beute, um das Opfer einzuspinnen. Ihr Lauf über die nichtklebenden Fäden ist kein Muss. Selbst die Klebefäden sind für sie kein echtes Hindernis. Dank der Klauen, Haken und Borsten an ihren Beinen kommt nur ein kleiner Teil des Spinnenfußes mit dem Kleber in Berührung. Und wenn die doch einmal in ihrer Fangspirale hängen bleiben sollte, kann sich die Spinne dank eines besonderen Klauenmechanismus problemlos losreißen. Auch vermuten Forscher, das die NetzbauerInnen beim gründlichen Reinigen ihrer Beine zusätzlich eine ölige Substanz gegen die Klebewirkung der Fangfäden auftragen.

Wieso **STINKEN** manche Pilze?

Die meisten frisch gesammelten Waldpilze duften ausgesprochen appetitlich, schon bevor sie in der Pfanne schmoren. Andere Arten geben sich dagegen stark anrüchig – ihre Adresse an unsere Nase ist geradezu abstoßend bis penetrant. Zu diesen seltsamen Waldpilzen gehört die Stinkmorchel, die wegen ihrer bemerkenswerten Form den bezeichnenden wissenschaftlichen Namen *Phallus impudicus* (der unverschämte ... na, sowas) trägt. Solange sich der rundliche Fruchtkörper als weißes Hexenei aus dem Boden schiebt, ist die Duftwelt des Waldes noch in Ordnung. Wenn er sich aber zu stattlicher Gestalt bis auf 20 Zentimeter streckt und seine bräunlich-grüne Sporenmasse freisetzt, beginnt ein geruchliches Inferno, das man als Mix aus Aas und Kloake beschreiben könnte. Diese betont strenge Note ist biologisch betrachtet jedoch eine äußerst gelungene, weil offenbar sehr verführerische Duftattrappe.

Nichts in der Natur ist nämlich nach unseren Kategorien so heftig, dass es nicht auch seine speziellen Fans fände: Aasfliegen kommen nun in Scharen herbei, weil sie in der penetranten pilzlichen Duftquelle einen einladenden Kadaver vermuten. Normalerweise nutzen sie das faulende Fleisch zur Eiablage, damit die schlüpfenden Maden einen gehörigen Futtervorrat haben. Suchend laufen sie auf dem Pilzhut umher und tragen die klebrige, übel riechende Sporenmasse ab, ehe sie die Suche nach einem Eiablageplatz aufgeben. Portionsweise beimpfen sie damit bei jeder erneuten Landung den Waldboden – und sichern so die Verbreitung der Pilzart, während sie selbst vorerst leer ausgehen.

Warum ist STREUSALZ für Pflanzen schädlich?

Die winterlichen Streusalzeinsätze auf Straßen und Gehwegen sind für die Verkehrssicherheit offenbar unvermeidlich, aber für die Natur in unmittelbarer Nachbarschaft sehr nachteilig. Vor allem die direkt betroffenen Straßenbäume verübeln die Salzattacken sichtlich. Das Salz verbleibt nämlich nicht dort, wo es wirken soll, sondern versickert mit dem nächsten Tauwetter und reichert sich mengenweise im Boden an. Weil die dort agierenden Pflanzenwurzeln nun alles aufnehmen, was im Bodenwasser gelöst ist, verfrachten sie ab Frühjahr auch

eine Menge Salz in die jungen Blätter. Schon im Sommer sind die Effekte zu sehen – braune, abgestorbene Blattränder oder gar der Totalverlust der Belaubung. Die Salzbestandteile, vor allem das Chlorid-Anion, sind für die lebenden Blattzellen ein schweres Gift. Sie stören und blockieren wichtige Grundprozesse im Zellplasma und bringen den Baum schließlich um – sozusagen Kahlschlag mit der Salzschaufel.
Andererseits gibt es an der Küste, vor allem in den Salzwiesen am Wattenmeer, eine Menge Blütenpflanzen, die mit dem Meersalz offenbar recht locker umgehen: Da ihre Standorte täglich im Wechsel der Gezeiten überflutet werden, nehmen sie auch große Mengen Salz auf. Im Unterschied zu einer meerfernen Landpflanze verfügen die Pflanzen der Salzwiesen aber über besondere physiologische Tricks, um ihre Salzfracht zu beherrschen: Sie können sie über spezielle Drüsen regelrecht ausschwitzen oder lagern sie einfach in große Zellsafträume ein, bevor sie im lebenden Zellplasma Schäden anrichten kann. Die Spezialisten nennt man Salzpflanzen oder Halophyten. Einige Arten haben sich übrigens entlang der im Winter regelmäßig eingepökelten Autobahnen und Bundesstraßen aus dem Küstenraum schon weit in das Binnenland verbreitet. Das Dänische Löffelkraut gehört ebenso dazu wie der Salz-Schwaden oder die Salz-Binse.

Gehören TOMATEN zum Obst oder Gemüse?

Obwohl man sie durchaus versteht, ist unsere Sprache mitunter bemerkenswert unlogisch (Ein Zitronenfalter faltet gar keine Zitronen ...) oder inhaltlich schlicht unscharf: Unter Salat verstehen die einen einen Kopf- oder Endiviensalat, die anderen eine bunte Mischung mit Lollo Rosso, Rapunzel, Rucola und Chicorée. Außerdem gäbe es noch Eier-, Nudel-, Reis- und Tomatensalat, und dann wären da auch noch Kartoffel-, Gurken- und Obstsalat.

Babylonisch verworren? Das Problem liegt vor allem in der Vieldeutigkeit der Begriffe Obst, Gemüse und Salat.
Unter Obst versteht man im Allgemeinen überwiegend süß schmeckende Früchte, die man roh oder nach besonderer Zubereitung genießt. Gurken, Kürbisse und Tomaten sind zwar nach botanischen Kriterien ebenfalls Früchte, gehören aber küchentechnisch nicht zum Obst, sondern ebenso wie Avocado und Zucchini zum Gemüse. Dazu zählen alle essbaren Pflanzenteile, die vor dem Verzehr durch Hitze gegart werden. Blattgemüse sind beispielsweise Spinat, Mangold, Weiß-, Grün- und Rotkohl (Blaukraut). Zum Stängelgemüse zählen Spargel, Kohlrabi, Fenchel und Sellerie, dazu auch Blumenkohl, Brokkoli, Bambus und Palmherzen. Wurzelgemüse sind Mohrrüben, Schwarzwurzel, Radi und Wurzelpetersilie. Nüsse sind weder Obst noch Gemüse: Fast immer handelt es sich um die Samen bestimmter Pflanzenarten. Und um die begriffliche Vielfalt zu komplettieren: Erbsen und Linsen sind zwar ebenfalls Samen, aber dennoch keine Nüsse. Da haben wir den Salat.

Warum TÖTEN Löwen ihre Jungen?

Kindsmord gehört zu den scheußlichsten Verbrechen. Dennoch kam und kommt er immer wieder in der Realität vor und findet selbst in Märchen Beachtung. Manch eine Frage der Thronfolge wurde im Laufe der Geschichte auch schon auf diese Weise „geregelt". Doch auch im Tierreich, bei Raubtieren und Affen, gibt es ihn, den Infantizid. Die Kindstötung ist besonders bei Arten zu beobachten, bei denen ein männlicher Junggeselle den Harem von einem oder mehreren ortsansässigen Männchen übernimmt, wie zum Beispiel bei Löwen, Pavianen oder Languren.
Löwen leben von allen katzenartigen Raubtieren am geselligsten und gelten so häufig als Musterbeispiel für Kooperationsverhalten. Aller-

dings bergen solche Kooperationsmodelle auch ihre Schattenseiten. Einzelne Löwenmännchen haben kaum eine reelle Chance, in ein Rudel aufgenommen zu werden. Auch allein lebende Weibchen sind nicht in der Lage, ihr Revier gegen die Übermacht eines Löwenrudels zu verteidigen. Um die Herrschaft über ein Rudel zu erlangen, müssen sich Löwenmännchen verbünden. Übernimmt solch ein Männerbund ein neues Rudel, tötet er alle Jungen, mit denen ja keinerlei Blutsverwandtschaft besteht. Die Weibchen des Rudels werden daraufhin innerhalb weniger Tage wieder empfängnisbereit. Die Kindstötung beschleunigt somit die erneute Fortpflanzungsfähigkeit der Weibchen, die dann schon wenige Monate später die Kinder der neuen „Rudelchefs" großziehen. Allerdings kann es den Löwinnen gelegentlich gelingen, ihren Nachwuchs gegen die männlichen Invasoren zu verteidigen.

Die Herrschaft eines Männerverbandes hält nie unendlich lang, sondern bleibt immer auf wenige Jahre begrenzt. Somit erscheint es sinnvoll, dass Löwenmänner nur ihren eigenen Nachwuchs beschützen und mit großziehen wollen.

Worauf geht der UHRzeigersinn zurück?

In der Ära der digitalen Zeitanzeigen ist die klare Richtungsangabe „im Uhrzeigersinn" ziemlich inhaltsleer. Der Blick auf die traditionsreiche, weil analog arbeitende Kirchturm- oder Rathausuhr lässt dagegen einen klaren Ablauf erkennen: Beide Zeiger bewegen sich – vom Betrachter aus gesehen – rechts herum und damit eben im Uhrzeigersinn.

Wie kam es dazu? Bevor im 15. Jahrhundert zuverlässige mechanische Uhren erfunden waren, las man den täglichen Stundenlauf mit Hilfe eines Schatten werfenden Stabes ab, wie ihn die Sonnenuhren verwenden. Da die Sonne für den erdgebundenen Beobachter auf der

Nordhalbkugel scheinbar von Ost nach West zieht, dreht sich der Stabschatten gleichsinnig mit und vollzieht somit jeweils eine Rechtsdrehung. Damit gab die Natur gleichsam die Basisrichtung der Uhrzeiger vor. Wären die mechanischen Zeigeruhren indessen auf der Südhalbkugel erfunden worden, hätte man als Uhrzeigersinn mit Sicherheit die Linksdrehung festgelegt, denn südlich des Äquators bewegt sich die Sonne scheinbar in einem Linksbogen über den Himmel und steht mittags auch noch im Norden …

Die Rechtsdrehung bzw. der Uhrzeigersinn sind in der Natur übrigens nicht besonders beliebt. Viele gedrehte Strukturen, vom DNA-Molekül über die Schneckenhäuser und die Zähne der Narwale bis zu den windenden Kletterpflanzen, beschreiben Linksbögen und damit eine Bewegung im Gegenuhrzeigersinn.

Warum sind Blätter auf der UNTERseite heller?

Rund 250.000 verschiedene Arten Blütenpflanzen gibt es, und fast alle unterscheiden sich in Blattform und Blattgröße. In ihrer erstaunlichen Verschiedenartigkeit sind die Blätter gleichsam die Personalausweise der Pflanzen. Trotz dieser enormen äußeren Unterschiede gibt es bei den Landpflanzen hinsichtlich des inneren Blattaufbaus im Wesentlichen aber nur zwei Grundtypen. Bei rund 80 Prozent aller Laubblätter ist das grüne Blattgewebe zweigeteilt: In der oberen Etage stehen die Blattzellen dicht an dicht wie die Zähne im Gebiss, weswegen man diese Schicht auch Palisadengewebe nennt. Die grünen Blattzellen der unteren Lage sind dagegen sehr lückig und lockermaschig arrangiert – hier spricht man treffend von der Schwammschicht. Von der Oberseite betrachtet, scheint durch die durchsichtige Blatthaut das kompakte, dunklere Palisadengewebe durch, von der Unterseite dagegen das lockere und deswegen hellere Netzwerk der Schwammschicht. Biologisch ist diese Anordnung außerordentlich sinnvoll, denn die für grüne Pflanzen lebenswichtige Energiequelle Licht trifft üblicherweise von schräg oben ein und wird in den oberen Blattschichten möglichst effektiv absorbiert. Nur bei Pflanzen mit senkrecht gestellten Blättern wie Gladiolen oder Schwertlilien sind die grünen Blattgewebe beidseitig einheitlich aufgebaut – und daher beide Seiten vom gleichen Grünton.

Wie schützen sich Pflanzen vor der UV-Strahlung?

An den Trieben vieler Pflanzen, beispielsweise an Wasserreisern von Ahorn und Eiche, fällt auf, dass die frisch entfalteten Blätter und die jüngsten Stängelteile noch ziemlich bleichgrün, aber gleichzeitig intensiv rot verfärbt sind – fast so wie im Herbst, obwohl gerade erst Frühsommer ist. Das legt die Vermutung nahe, dass diese Pflanzenorgane noch recht lichtempfindlich sind. Tatsächlich ist das Blattgrün, der Hauptfarbstoff aller grünen Teile, erstaunlicherweise kaum lichtecht: Löst man die grüne Farbe aus den Blättern heraus, verblasst sie im Licht in kurzer Zeit zu unansehnlichem Braungrau. Im lebenden Blatt muss also offenbar ständig eine beträchtliche Nachlieferung durch Neusynthesen ablaufen.

Mit den rötlichen Farbstoffen schützen die im vollen Licht stehenden Pflanzen ihre neuen Organe. Als Schutzpigmente verschlucken sie das biologisch wirksame und in Überdosis recht gefährliche UV-Licht, solange in den Blattzellen noch kein ausreichender Selbstschutz durch größere Blattgrünmengen vorliegt. An extremen Standorten, beispielsweise an voll besonnten Mauern oder Felsen, sind die Blätter von Mauerpfeffer oder Weißer Fetthenne praktisch während des ganzen Sommers purpurrot.

Vergleichbares beobachtet man übrigens auch bei den mikroskopisch kleinen Algen, die im Sommer die hochalpinen Firnfelder überziehen: Bei ihren gar nicht so seltenen Massenauftreten verfärben sie sogar ihren Lebensraum, was zu Begriffsbildungen wie Blutschnee oder Rosteis führte. Obwohl sie zu den Grünalgen gehören, sind sie durch Carotenoide kräftig rötlich gefärbt. Das verwendete Basismolekül ist überwiegend Astaxanthin – exakt das gleiche Pigment, das auch den gekochten Hummer rot anlaufen lässt.

Ebenso wie Carotenoide als Lichtschutzfaktoren ein wichtiger Bestandteil vieler Kosmetika zur Verhinderung von Sonnenbrand sind, wirken sie auch in den Pflanzenzellen als effektive Lichtfilter und beugen gleichsam als intrazelluläre Sonnenbrille im rigorosen Lichtklima den sonst drohenden Strahlenschäden vor.

Warum VERGILBEN Holz und Papier?

Was bei uns Haut, Muskeln und Knochen, sind bei den Pflanzen ihre standfesten Zellwände. Für deren Statik hat die Natur gleich zwei geradezu bewundernswerte Naturstoffe erfunden – einerseits die zugfeste Zellulose bei den krautigen Pflanzen und andererseits den druckstabilen Holzstoff Lignin, der vor allem bei Sträuchern und Bäumen vorkommt. Zellulosemoleküle muss man sich als lange Bindfäden bzw. Ketten vorstellen. Das Lignin eines Brettes ähnelt mit seinen Ringmolekülen dagegen eher einem Strickpullover mit vielfältigem Maschengewirr – das gesamte Stammholz eines Baumes ist genau genommen ein einziges, gigantisches und allseitig vermaschtes Riesenmolekül. Reine Zellulose ist blütenweiß und bleibt es auch unter Lichteinwirkung. Sollte das ursprünglich weiße T-Shirt aus Baumwoll(zellulos)e mit der Zeit eine Patina ansetzen, sind dafür sicherlich andere Gründe zu benennen. Der Holzstoff Lignin lässt sich dagegen durch Lichtstrahlen anregen, baut dabei seine Molekülarchitektur laufend um und wird ständig dunkler. Im Unterschied zu ungefärbten Baumwolltextilien enthält auch grellweißes Papier nicht nur Zellulose, sondern immer auch einen gewissen Anteil Lignin. Unter Lichteinfluss zieht also durch Molekülveränderungen unweigerlich der Gilb ein – so nachzuvollziehen mit einer Zeitung, die ein paar Tage lang auf der voll besonnten Fensterbank liegt. Der gleiche Prozess erfasst die anfangs hellen Möbel- und natürlich auch die Bauhölzer. Das frisch gezimmerte Haus aus hellem Kiefernholz ist nach wenigen Jahren auch ohne Anstrich kräftig braun. Dieser Ablauf setzt sich sogar noch fort. Die betont dunklen Humusstoffe, die den Acker- und Waldboden schwärzen, sind nichts anderes als späte Um- und Abbaustadien von Lignin aus Pflanzenabfällen.

Tragen alle VOGELeltern Eierschalen oder Kinderkot aus dem Nest?

Mit etwas Glück oder als gute Naturbeobachter haben wir es schon gesehen: Aus einem Nistkasten zischt eine Meise heraus und trägt in ihrem Schnabel ein Stück Eierschale oder einen Kotballen. Das Wegtragen von „Geburtshülle“ und kindlichem Abfall dient wohl der Sicherheit (Feindvermeidung) wie auch der Hygiene. Gehört dieses Tun aber zum „Standardprogramm“ aller Vogeleltern?

Bei sehr bald das Nest verlassenden Nestflüchtern wie Rebhühnern oder Regenpfeifern können die Eischalen im Nest liegen bleiben. Sonst werden sie von den Alten aufgefressen (Recycling!) oder im Schnabel ein Stück vom Nest fortgetragen und fallen gelassen. Die Kotabgabe der Jungen erfolgt bei einer großen Anzahl nesthockender Arten von Anfang an selbstständig in, an oder über den Horstrand, so zum Beispiel bei Schreit- und Greifvögeln sowie bei Eulen, insbesondere bei Fleisch und Fisch fressenden Arten mit dünnflüssigem Kot. Bei den Sperlingsvögeln ist der Kotballen von einem zähen Häutchen umgeben, so dass die Altvögel ihn in der Regel unmittelbar nach der Fütterung vom After des sich umdrehenden Jungvogels abnehmen können. In den ersten Nestlingstagen enthalten die Kotballen noch Nährstoffe und werden meist von den Eltern verschluckt. Später tragen sie die Kotballen im Schnabel weg, um sie in einiger Nestentfernung fallen zu lassen.

Das Wegtragen von Kot hört allerdings mit fortgeschrittenem Nestlingsalter auf. Junge Stare entleeren sich beispielsweise ab dem zehnten Tag durch das Flugloch ihrer Bruthöhle nach außen. Bei anderen Höhlenbrütern wie dem Trauerschnäpper verbleibt der Kot dann in der Nesthöhle, oder junge Finkenvögel setzen ihn auf einer Nestseite als Kotrand ab.

Wenn wir Eischalen im Gelände finden, lässt sich recht einfach feststellen, ob aus diesen ein Junges schlüpfte oder ob Eiräuber am Werke waren. Im ersten Fall handelt es sich um ziemlich regelmäßige Schalenstücke mit kleinen, abgebrochenen Teilen. Die Eihaut bildet nach dem Eintrocknen einen nach innen gerollten Wulst, die Schaleninnenseite ist ohne Dotter- und Eiweißspuren. Dagegen weisen gewaltsam von Rabenkrähen, Elstern, Möwen, dem Igel oder Mardern geöffnete Eier Hack- bzw. Biss-Spuren auf, der gerollte Wulst der Eihaut fehlt und oft finden sich noch Reste gelben Dotters oder eine glänzende Eiweißschicht im Ei. Wenn es fast ausgebrütet war, sind auch Blutspuren zu erkennen. Findet man ineinanderliegende Schalenstücke, waren es gewiss die Vogeleltern, die diese aus dem Nest transportierten. Denn um nur einmal pro Ei zu fliegen, stecken manche Singvögel die Schalen Platz sparend ineinander.

Wieso können VÖGEL auf einem Bein stehend schlafen?

Vögel nehmen, je nach Art, die unterschiedlichsten Schlafpositionen ein. Während sich die einen zum Schlafen auf einem Ast niederlassen (zum Beispiel viele Singvögel, Fasane), schlafen andere liegend an Land (wie etwa Rebhuhn, Großtrappe, Gänse) oder schwimmend auf dem Wasser (beispielsweise Möwen, Gänse, Enten). Für uns besonders ungewöhnlich, weil aus unserer Sicht eher anstrengend als entspannend, ist das Schlafen auf einem Bein. Die Bekassine, der Kampfläufer, der Wachtelkönig, die Strandläufer, Gänse, Kraniche, Störche, Reiher und Flamingos tun es. Vor allem langbeinige Vögel bevorzugen den einbeinigen Schlaf. Dabei schalten sie einen Sperrmechanismus ein, der das Einknicken des Standbeins verhindert und der nach dem Einklinken nur durch einen Ruck wieder gelöst werden kann. Zum Schlafen bringen viele Vögel ihren Kopf über den Schwerpunkt des Körpers: Die meisten legen dazu ihren Hals in enge Windungen, so dass der Kopf nach hinten weist und der Schnabel auf den Schulterblättern aufliegt. Aus Gleichgewichtsgründen wird der Kopf auf die Seite des Standbeines gedreht, wobei Vögel mit extrem langen Hälsen, wie Schwäne und Flamingos etwa, sich nicht an diese Regel halten, sondern ihren Kopf auf die Seite des eingezogenen Beines drehen. Während des Schlafes befindet sich der Vogelkörper in einem stabilen Gleichgewichtszustand. Das Nachlassen des Muskeltonus und die ausgeschaltete Gleichgewichtskontrolle könnten sonst die Schläfer in verhängnisvolle Situationen bringen. Nur sehr große, wehrhafte Vögel, wie Strauße, können es sich leisten, mit völlig erschlafftem Körper am Boden liegend zu schlafen und so in eine Phase des absoluten Tiefschlafs zu gelangen. Der bleibt den Stehendschläfern fremd, ob auf beiden oder einem Bein.

Warum müssen VÖGEL ihr Federkleid wechseln?

Für Vogelfreunde ist der Hochsommer eine stille Jahreszeit. Besonders die beliebten Singvögel sind dann kaum noch zu hören und zu sehen. Ihr „Unsichtbarmachen" hat einen triftigen Grund: Für die meisten Gefiederten ist dann Mauserzeit, der Termin des Federwechsels. Die komplizierte

Feinstruktur der Vogelfedern bietet viele Vorteile, vom Fliegen angefangen bis zum idealen Wärme- und Nässeschutz. Doch die tagtäglich auf die Federn einwirkenden enormen mechanischen und klimatischen Belastungen, einschließlich der Gefiederparasiten, führen zu starken Abnutzungserscheinungen. Besonders ramponiert sind meist die mittleren und äußeren Schwanzfedern sowie die Schwingenspitzen. Da hilft nur das Abwerfen der alten Federn und Ersetzen durch neue Federn.

Da die Mauser den Vogel-Organismus stark beansprucht, muss sie zeitlich genau auf den Lebenszyklus der Vögel abgestimmt sein. Verschiedene Hormone sorgen dafür, dass Vögel sich erstmals nach dem Flüggewerden und danach regelmäßig mausern. Die Mauser erfordert einen erhöhten Energiebedarf sowohl für die wachsenden Federn als auch als Ausgleich für die erhöhte Wärmeabgabe des Vogelkörpers während des Federverlustes. Die Mauser der in höheren Breiten vorkommenden Arten findet deshalb oft im Spätsommer unter günstigen Wärmebedingungen statt. Wenn zwischen Brutgeschäft und Herbst nur wenig Zeit bleibt, muss die Mauser rasch unter hohem Energiebedarf erfolgen. Manche Zugvögel verteilen deshalb ihren kompletten Gefiederwechsel auf mehrere Etappen vor, während oder nach dem Zug ins Winterquartier. Die Mauser erfolgt stets so, dass trotz des Gefiederwechsels der Vogel aktionsfähig bleibt. Die Schwung- und Steuerfedern werden in der Regel in einer bestimmten Folge ausgetauscht, um die Flugfähigkeit und -gewandtheit einigermaßen zu erhalten. Die Lücken in Flügeln und Schwanz verschieben sich dabei allmählich nach einem festen, arttypischen Schema. Solche Mauserlücken lassen sich besonders gut bei unseren segelnden Greifvögeln, wie beispielsweise Rotmilan oder Mäusebussard, erkennen.

Können VÖGEL mit den Augen rollen?

Schon aus der Lebensweise der Vögel als überwiegend tagaktive Flieger ergibt sich die überragende Bedeutung ihres Gesichtssinnes. Vogelaugen sind deshalb meist sehr groß. In Relation zur Körpergröße sind sie größer als die Augen der Säugetiere. Sie können im Extremfall einen so großen Raum einnehmen, dass sich die Außenseite der Augäpfel in der Schädelmitte berühren und beide Augen zusammen schwerer sind als das Gehirn. Trotz sechs Augenmuskeln, die den Augapfel bewegen, ist das Auge vieler Vögel weit weniger beweglich als ein Säugetierauge, das ebenfalls über sechs Muskeln am hinteren Ende des Augapfels verfügt. Anders als bei Säugern, sind Vogelaugen fest in der Schädelkapsel fixiert und können somit nicht gerollt werden. Eulenaugen sind noch zusätzlich in einen Ring aus Knochenscheiben (Sklerotalring) eingebettet: Daher müssen Eulen beim Fixieren einer Beute sogar ihren Kopf drehen. Dafür haben ihre, auch für Vögel ungewöhnlich großen Augen, einen anderen Vorteil: Sie sind auf maximale Ausnutzung von Restlicht ausgelegt. So kann die große Pupille sich bei Dunkelheit praktisch zur gesamten Augenöffnung ausweiten und damit möglichst viel Licht durchlassen, im Vergleich zu uns Menschen einen etwa 2,7-fachen Lichteinfall. So sind in Sachen Sehen (und Hören) die echten Nachteulen und nicht wenige andere Vögel uns deutlich überlegen – auch wenn sie nicht so schön mit ihren Augen rollen können. Wozu aber ist das Augenrollen dienlich? Es aktiviert die Muskulatur rund um unser Sehzentrum, stärkt somit die Augenmuskeln, hilft bei angespannten und übermüdeten Augen, lindert Kopfschmerzen und wirkt allgemein entspannend. Beim Aus- und Einatmen rollen unsere Augen nach oben, unten, dann nach links und rechts mit. Und selbst mimisch wird es eingesetzt. Wer mit verkniffenem Mund deutlich mit den Augen rollt, signalisiert dem Gegenüber: „Lass mich in Ruhe, ich will nichts von dir."

Können VÖGEL auch kopfabwärts klettern?

Dass Vögel an senkrechten Stämmen unter Einsatz ihres versteiften Stützschwanzes aufwärts klettern können, zeigen uns die Spechte, darunter auch der in Siedlungen häufige Buntspecht. Auch die Baumläufer aus der großen Familie der Singvögel, bei uns durch Garten- und Waldbaumläufer vertreten, stützen sich mit ihren versteiften Steuerfedern ab, während sie an Bäumen hochklettern. Ob Specht oder Baumläufer – zum Herunterkommen müssen sie allesamt ihre Flügel bewegen. Das „Kopfabwärts-Klettern" an einem Baumstamm beherrschen einzig und allein die Kleiber.

Die rund 25 Arten der Kleiberfamilie (Sittidae) sind allesamt kleine, kompakte, kletterfreudige Vögel ohne stützende, steife Steuerfedern. Oberseits sind sie meist blaugrau, unterseits hell- bis rostorange und in beiden Geschlechtern gleich gefärbt. Die meisten Kleiberarten leben in Eurasien. Unser einheimischer Kleiber *Sitta europaea*, auch Spechtmeise genannt, ist hochgradig an ein Leben in baumreicher Umgebung angepasst. Auffällig sind seine relativ starken Füße mit den langen Krallen. Damit kann er sich wie seine gesamte Verwandtschaft an der Oberfläche der Baumstämme bewegen und dabei sogar mit dem Kopf nach unten den Stamm abwärts klettern. Dabei hält der Kleiber Ausschau nach Insekten und deren Larven, seiner Hauptbeute. Mit seinem relativ kurzen Schnabel kann er die Beute aber nicht wie ein Specht aus tiefen Rinden- oder sogar Holzschichten heraushacken. Deshalb nutzt der kleine Kletterspezialist vor allem an der Oberfläche lebende Beutetiere, die er auf Baumstämmen und im Kronenbereich notfalls kopfunter findet. Im Herbst und im Winter steigt er auf Nüsse und Samen um, die er ebenfalls kopfauf- und -abwärts kletternd sammelt. Oft klemmt er diese in eine Spalte am Baum ein, um sie mit kräftigen Schnabelhieben aufzubrechen – das ist die so genannte „Kleiberschmiede".

Fliegen VÖGEL auch in Rückenlage?

Herausragendstes Merkmal der Vögel ist – von Ausnahmen abgesehen – ihr Flugvermögen. Den Gesetzen der Aerodynamik gehorchend sind ihre Flügel so gestaltet, dass sie bei geringem Luftwiderstand den benötigten Auftrieb erzeugen können. Dies wird dadurch erreicht, dass die Luftströmung durch den Flügel nach hinten gelenkt wird. Trotz aller Verschiedenheit beim Flügelbau sind die Flügelprofile der Vogelflügel konvex gewölbt. Erst dadurch wird ein schlagfreies Fliegen im Gleitflug wie der Kraftflug durch Flügelschlagen ermöglicht. Durch den propellerartigen Einsatz ihrer Flügel werden die winzigen Kolibris im Schwirrflug zu echten Leistungsriesen. Durch die konvexe Wölbung ist auch das Bremsen durch Vergrößerung des Anstellwinkels gut möglich, indem die Flügelvorderkante aufrecht gedreht wird.

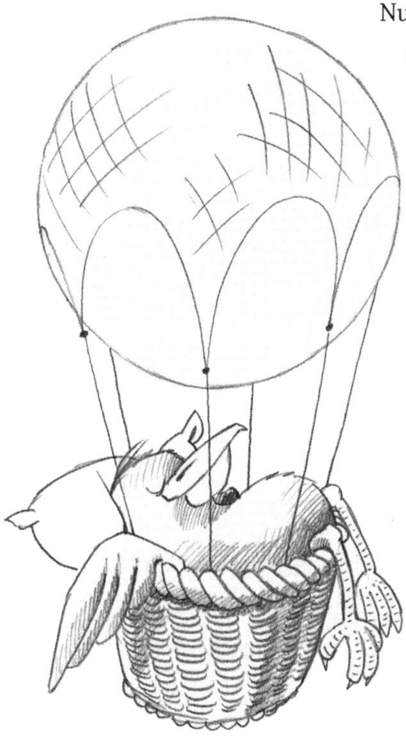

Nur zum Flug in Rückenlage sind Vogelflügel aerodynamisch eigentlich nicht geeignet. Dennoch gibt es ihn, den Rückenflug – etwa wenn sich Greifvögel, Bussarde oder Seeadler, bei ihren Balzflügen in der Thermik nach oben schrauben, um rasante Sturzflüge zur Erde anzuschließen. Wenn einer von beiden den Partner spielerisch anfliegt, wirft der sich kurz auf den Rücken, um im abwärts gehenden Rückenflug den „Gegner“ spielerisch abzuwehren oder sich mit den Krallen kurz aneinander festzuhalten. Meister im „Untertauchen“ in der Luft sind Habichte, wenn sie von unten auf dem Rücken fliegend Vogelbeute schlagen. Wohl die extremsten Rückenflieger aber sind Kolkraben. Die „Wotansvögel" fliegen während ihrer Balzflüge nach einer halben Rolle auf dem Rücken 15 bis 20 Meter abwärts, um dann rufend nach einer weiteren halben Rolle wieder gen Himmel aufzusteigen, und das auch noch mehrfach hintereinander. Bei ihrem schnell abwärts führenden Rückenflug legen Kolkraben die Flügelspitzen gegen die äußeren Schwanzspitzen und sehen vom Boden aus betrachtet dabei wie ein Trapez aus. Die Durchströmung zwischen Flügeln und Schwanzfedern scheint aerodynamisch diesen seltsamen Flugzustand auch noch zu stabilisieren. Somit lässt sich festhalten: Rückenflug bei Vögeln ja, aber wohl mehr aus purer Lebensfreude.

Warum wandern VÖGEL?

Das Verschwinden und Wiederauftauchen von Vogelarten im Rhythmus der Jahreszeiten beflügelte seit alters her die menschliche Phantasie. Noch im 18. Jahrhundert glaubte man, dass Schwalben im Gewässerschlamm überwintern und der ähnlich dem Sperber gefiederte Kuckuck im Herbst zum Sperber mutiert. Die moderne Vogelzugforschung widerlegte zwar diese Ansichten. Ihre Ergebnisse sind jedoch kaum weniger wunderbar.

Das Verhalten der meisten Lebewesen wird durch die Tages- und Jahresperiodik beeinflusst. Vor allem auf die gravierenden Wechsel der Lebensbedingungen im Verlauf der Jahreszeiten reagieren viele Tierarten mit saisonalen Wanderungen. Selbst in den Tropen mit ihren weniger ausgeprägten jahreszeitlich bedingten Wechseln wandern Vögel und einige Säugetiere vor allem den günstigeren Nahrungsbedingungen nach. Die weitaus ausgeprägteren Wanderbewegungen von Tierarten, vor allem den Vögeln, gibt es aber in den gemäßigten und polaren Regionen der Erde. Ohne großräumige, jahreszeitlich bestimmte Ortswechsel würden viele Arten nicht überleben.

Bei den Vögeln unterscheidet man je nach Wanderstrecken verschiedene Zugtypen, von Lang- und Kurzstrecken- bis Teilziehern. Das heutige Vogelzuggeschehen in Europa entstand unter dem Einfluss der Eiszeiten, welche die Lebensbedingungen der Arten je nach Stand der Vereisung verschoben. Heute sind jährlich allein von Eurasien nach Afrika etwa 200 Vogelarten mit über fünf Milliarden Individuen unterwegs. Weltweit schätzt man die Gesamtzahl aller Zugvögel auf 50 Milliarden.
Langstreckenzieher, wie zum Beispiel die Küstenseeschwalbe oder der Fitis, räumen im Herbst ihr Brutgebiet vollständig, um den Winter in einer ganz anderen Klimazone zu verbringen. Arten wie unser Mauersegler kennen keinen Winter. Die meisten Insektenfresser zählen zu den Langstreckenziehern, die bereits kurz nach Abschluss des Brutgeschäftes ihre Sommerlebensräume verlassen. Für manche Limikolen (Watvögel) ist der Aufenthalt in ihren nordischen Brutgebieten rein auf die Brut- und Jungenaufzuchtszeit beschränkt. Doch während diese Aufenthaltsdauer mindestens zwei Monate beträgt, wandern die prächtigen Kampfläufermännchen sogar gleich nach dem Brutbeginn ab in den Süden.
Arten, bei denen Brut- und Überwinterungsgebiete nicht weit voneinander entfernt sind, werden als Kurzstreckenzieher bezeichnet. Unser Hausrotschwanz ist ein solcher Vertreter, der den Winter im Mittelmeerraum oder höchstens in Nordafrika verbringt. Von den Kurzstrecken- zu den Teilziehern gibt es fließende Übergänge. Recht häufig kommt es vor, dass nur ein Teil der Individuen einer Population bzw. einer Art wegzieht, der andere Teil jedoch im Brutgebiet verbleibt. Diese Wanderer bezeichnet man dann als „Teilzieher“. Zu ihnen zählen bei uns Buchfinken, Amseln, Rotkehlchen und Zaunkönige.
Selbst Standvögel, also nicht ziehende Arten, bleiben nicht das ganze Jahr über in ihren Sommer- und Brutgebieten. Einige Arten wie

die Alpendohle und Alpenbraunelle führen im Winter kurze, so genannte Vertikalbewegungen durch, um tiefer gelegene, klimatisch günstigere Regionen aufzusuchen.

Können VÖGEL auf dem Wasser laufen?

Fast jeder hat's schon mal gesehen: Wenn ein schwergewichtiger Schwan vom Wasser in die Lüfte steigen will, rennt er eine ganze Strecke flügelschlagend und mit den Füßen tretend übers Wasser, das dabei kräftig aufspritzt. Ist der Schwan dann endlich in der Luft, zieht er seine Beine ein und legt sie unter dem Schwanz zusammen wie ein Flugzeug, das nach dem Start sein Fahrwerk einzieht. Das Wasserlaufen auf den relativ kurzen Beinen funktioniert bei Schwänen nur bei gleichzeitig erheblichem Flügeleinsatz. Ohne diese „Kraftexplosion“ beim Durchstarten würden die schweren Flieger sofort wieder bis zur Brust einsinken.

Dagegen scheinen leichtgewichtige Vogelarten schon eher zum Wasserlaufen befähigt. Auf ihren langen Beinen und mit ihren überdimensionalen, lang bekrallten Spreizzehen scheinen die rallenähnlichen Blatthühnchen zumindest von weitem betrachtet dieses Kunststück zu beherrschen. Doch ihre Beinapparate sind nicht für das Laufen auf dem Wasser, sondern zur Verteilung des Körpergewichtes auf Schwimmpflanzen und Seerosenblätter konstruiert.

Auch die Wasserläufer, wie Bruch-, Teich-, Waldwasserläufer oder Dunkler Wasserläufer können trotz ihres Namens nicht auf dem Wasser laufen. Die langbeinigen Vertreter der artenreichen Schnepfenfamilie vermitteln uns höchstens diesen Eindruck, wenn sie im Seichtwasser auf Nahrungssuche gehen.
Mit dem Auf-dem-Wasser-Laufen haben es die Sturmschwalben (Familie Hydrobatidae) am weitesten gebracht. Diese kleinen, zu den Röhrennasen zählenden Hochseevögel ernähren sich von Krustentieren, Fischen, Tintenschnecken, Plankton und dem Kot von Seehunden und Walen. Die nördliche Gruppe der Sturmschwalben mit 13 Arten besitzt spitz zulaufende Flügel und kurze Beine. Sie schnellen aus der Luft herab, um ihre Nahrung von der Meeresoberfläche wegzufangen. Die sieben Arten der südlichen Sturmschwalben haben kürzere Flügel und längere Beine. Letztere halten die Vögel häufig nach unten gestreckt, wenn sie beim Absammeln von Nahrung über die Meeresoberfläche springen oder „gehen“. Sie können tatsächlich auf dem Wasser laufen, allerdings nur unterstützt durch den Auftrieb, den sie durch den Wind unter ihren gleichzeitig ausgebreiteten Flügeln erhalten.

Wie viel WÄRME produziert ein Mensch?

Als besonders hoch entwickeltes Säugetier gehört der Mensch zusammen mit den Vögeln zu den Warmblütern oder Gleichwarmen – alle diese Organismen fahren die Stoffumsätze ihrer inneren Organe ständig so hochtourig, dass eine respektable Menge Abwärme entsteht. Den Betrag dieser Energiebereitstellung beziffern die Mediziner mit dem so genannten Grundumsatz. Man versteht darunter den Energiebedarf des ruhenden Körpers. Er beträgt beim Mann etwa 4,2 Kilojoule je Kilogramm Körpergewicht und Stunde. Oder anders ausgedrückt:

Diese Energiemenge entspricht den rund 7.000 Kilojoule (oder knapp 1.700 Kilokalorien), die man als Erwachsener über die Nahrung täglich mindestens aufnehmen muss, um auf Dauer nicht in die roten Zahlen zu geraten. Bei der Frau sind es etwa zehn Prozent weniger. Da ein Joule in der Sekunde definitionsgemäß die Leistung von genau einem Watt darstellt, summiert sich der Grundumsatz eines erwachsenen Menschen auf etwa 80 Watt. Nur ein kleiner Teil dieses Energiebedarfs wird tatsächlich für den Organbetrieb (beispielsweise die Herztätigkeit) verwendet. Der größere Teil ist Abwärme, die den Körper auf etwa 36 Grad Celsius aufheizt und letztlich ständig über die Haut verloren geht. Jeder Mensch setzt damit also ungefähr so viel Wärme frei wie eine 80-Watt-Glühbirne im Dauerbetrieb, auch wenn er im Vergleich dazu nicht unbedingt eine besondere Leuchte ist. Wenn sich also eine Stammtischrunde über die letzten Fußballergebnisse die Köpfe zusätzlich heiß redet, kann der Kneipenwirt aus gutem Grund getrost die Heizung abdrehen.

Warum knistert es im WATT? Haben Sie das im Urlaub am Wattenmeer auch schon mal erlebt? Sobald sich das Wasser bei Ebbe weit zurückgezogen hat und die glänzenden Wattflächen unter der Sonne liegen, ist überall am Rande des Schlickwatts ein leises, geheimnisvolles Knistern zu hören. In einem Lebensraum des Festlandes hätte man dafür schnell eine Erklärung zur Hand – leise raschelnde Blätter, austrocknende Zweige oder aufspringende Samenkapseln. Im Watt ist das anders, denn das feinkörnige, sehr zähe Schlickwatt wird auch an heißen Sommertagen nicht einfach knistertrocken. Tatsächlich stammen die seltsamen Geräusche von den nur wenige Millimeter langen Schlickkrebsen, von denen in einem Quadratmeter Wattboden bis über 30.000 Exemplare leben. Bei Ebbe strecken sich die Tiere aus ihren U-förmigen

Wohnröhren und kratzen mit den Scheren gleichsam vor ihrer Haustür feinste Nahrungspartikeln zusammen. Dabei platzt jedes Mal ein feines Wasserhäutchen zwischen ihrem Brustpanzer und den Vorderbeinen – in der Summe eine monotone Knisterorgie.

Warum gehen WASSERläufer nicht unter?

Fast jeder kennt sie, die ein bis zwei Zentimeter großen, schlanken Insekten, die vor allem an warmen Sommerabenden in großer Menge auf der Wasseroberfläche von Teichen und Pfützen wie auf einer Tanzfläche umherhuschen. Doch nicht ums Tanzvergnügen, sondern um den Nahrungserwerb geht es dabei den Wasser-, Teich- und Bachläufern, die allesamt zur Wanzensippe gehören.

Dank ihres gut entwickelten Erschütterungssinns registrieren sie leichteste Bewegungen der Wasseroberfläche. Dorthin eilen sie, um ein ins Wasser gefallenes Insekt mit den Vorderbeinen zu packen und anschließend zu verzehren. Wasserläufer rudern mit den flach auf dem Wasser aufliegenden mittleren Beinen und steuern mit dem hinteren Beinpaar. Ihr federleichter Körper ist vor allem unterseits mit einem silberglänzenden, wasserabstoßenden Haarkleid bedeckt, aber nur die Unterseite der Ruderbeine ruht auf dem Wasser. Wasserläufer können sich ruckweise und sogar springend auf dem Was-

ser bewegen. Dabei durchstoßen sie weder beim Absprung, noch beim Aufsetzen oder Rudern je das Oberflächenhäutchen des Wassers – und nur deswegen gehen Wasserläufer nicht unter.

Warum öffnen sich ZAPFEN beim Trocknen?

Die unreif bläulich grünen Fichten- oder Kiefernzapfen sind unglaublich kompakte Gebilde: Sie pressen ihre noch saftigen Zapfenschuppen so fest aneinander, dass man ohne Zerstörung keinen Blick in das Zapfeninnere werfen kann. Erst mit der Reifung ändert sich das Bild: Die Zapfenschuppen verholzen und wenn sie nun auch noch austrocknen, klaffen sie weit auseinander, geben die kleinen, geflügelten Samen frei und setzen sie als Segelflieger in die Luft. An heißen Sommertagen kann man im Nadelwald die knackend-knisternden Öffnungsmanöver der Zapfenschuppenverbände sogar hören. Sieht man sich die am Waldboden herumliegenden Zapfen dagegen bei feuchter Witterung an, sind sie wieder rundum eine unzugängliche Verschlusssache.

Dieser zuverlässig arbeitende Öffnungs- und Schließmechanismus ist eine rein physikalische Angelegenheit, die im Unterschied zu anderen Bewegungsabläufen an Pflanzen keinerlei lebende Zellen oder Gewebe benötigt. Die holzigen Zellwände auf der Oberseite der einzelnen Zapfenschuppen sind ein wenig dicker als auf deren Unterseite und können deswegen stärker quellen. Wassergesättigt lassen sie die einzelnen Schuppen daher ganz dicht zusammenrücken wie Dachpfannen. Beim Trocknen ziehen sich die oberseitigen Zellwände dagegen stärker zusammen als unterseits, und die Zapfenschar klafft zentimeterweit auseinander. Solche Bewegungen nennt man hygroskopisch; sie sind beliebig oft wiederholbar. Steckt man einen klaffenden Fichtenzapfen in ein Glas Wasser, verschlankt er sich innerhalb weniger Stunden.

Wetterpropheten sind die auf die Feuchtigkeit reagierenden Zapfen allerdings nicht: Ehe sie über die zunehmende Luftfeuchtigkeit den zu erwartenden Regen ankündigen, hat man längst nasse Füße bekommen.

Warum trägt das ZEBRA Streifen?

Streifenträger kommen im Tierreich mehrfach vor. Die berühmtesten von allen sind sicher die Zebras. Sogar die auffällig markierten Fußgängerüberwege an Straßen tragen den Namen ihrer afrikanischen Vorbilder, die zoologisch zur Familie der Pferdeartigen zählen. Während der Sinn der Zebrastreifen als Sicherheitsfaktor für Fußgänger im Straßenverkehr außer Frage steht, beschäftigt die Frage nach dem Sinn der schwarz-weißen Muster auf dem Zebrafell Wissenschaftler und Naturfreunde schon seit Jahrhunderten. Viele kluge Erklärungsversuche wurden gemacht, die meisten jedoch wieder verworfen. Die Theorie, dass Zebrastreifen der Tarnung vor Raubtieren dienen oder angreifende Löwen verwirren solle, hält letztlich ebenso wenig stand wie das Unsichtbarmachen oder Abschrecken gefährlicher Fliegen. So ist zu bedenken, dass Zebras nach den Gnus die zweithäufigste Löwenbeute darstellen und weit stärker bejagt werden als die schwächer kontrastierten Antilopen. Zwar konnte durch Versuche bewiesen werden, dass Parasiten wie die Tsetse-Fliege oder Bremsen einheitlich gefärbte Oberflächen solchen mit Schwarz-Weiß-Streifung vorziehen, besonders wenn sich diese bewegen. Auch zeigten Untersuchungen, dass Zebras weniger als andere Pferdeartige von Blutsaugern geplagt werden. Allerdings scheinen die blutsaugenden Insekten in den von den drei afrikanischen Zebraarten bewohnten Landschaften weniger problematisch zu sein als in anderen zebrafreien Regionen. Dagegen zeigen Untersuchungen zum Sehvermögen und zur Gehirnphysiologie der Zebras eine visuelle Stimulierung der Tiere durch die Streifen. Die Zebrastreifen können beispielsweise das Putzverhalten auslösen und so den Gruppenzusammenhalt in der Herde fördern. Auch wird vermutet, dass sich Zebras an ihrem Streifenmuster artlich, in geringer Entfernung sogar individuell erkennen. Dies wäre vor allem für die Mütter mit ihren Fohlen bedeutsam. So würden die Streifenunterschiede bei der Flucht den Tieren helfen, ihre Verbands- und Gruppenmitglieder nicht zu verlieren.

Neuerdings wird noch eine weitere, höchst interessante Zebrastreifen-Theorie diskutiert und experimentell untersucht. Sie beschäftigt sich damit, ob die Muster thermoregulatorische Bedeutung haben. Weil an der Grenze zwischen warmen und kalten Bereichen durch Verwirbelungen in der aufsteigenden Luft die kalte Luft über die warmen Bereiche wandert und dort mehr Wärme aufnehmen kann, wären enge Zebrastreifen, so die Theorie, geradezu ideale Strukturen für solcherart Effekte. Dass die Temperaturunterschiede auf dem Zebrafell tatsächlich deutlich werden, zeigen thermographische Aufnahmen an Zootieren, die zwischen schwarzen und weißen Streifen gut 20 Grad Celsius betragen können. Verblüffend für die Wärmeforscher war, dass auch nachts Temperaturunterschiede zwischen den Streifen festzustellen waren, wobei nun die schwarzen Streifen kühler als die weißen waren. Fettpolster unter den schwarzen Streifen verhindern als gute Wärmeisolatoren offensichtlich das Vordringen von

Wärme in den Zebrakörper wie auch das Austreten von Körperwärme auf die Oberfläche der schwarzen Streifen. Ob dies alles tatsächlich der Thermoregulation dient, bleibt bis auf weitere klärende Untersuchungen immer noch das Geheimnis der Zebras und ihrer so auffälligen Streifen. Ästhetisch schön sind sie allemal, die „Tigerpferde“ Afrikas.

Warum macht Rotwein eine blaue ZUNGE?

Gewiss hat Sie das auch schon einmal verwundert: Die Heidelbeere heißt zwar auch Blaubeere, aber ihr Saft hinterlässt rote Flecken auf dem weißen Tischtuch. Eine bekannte Rebsorte ist der Blaufränkische, doch das Ergebnis ist ein tintiger Rotwein. Der aber verbläut nach einem kräftigen Schluck Zähne und Zunge – sofern man nicht vorher mit Salatessig gegurgelt hat. Die roten Pigmente in Obstsäften und nach deren Veredlung im Rotwein sind Anthocyane. Sie verhalten sich ebenso als Indikatorfarbstoffe wie das bekannte Lackmus-Papier: Saures lässt sie erröten, Basisches verschiebt sie nach Blau. Da der pH-Wert im Mundspeichel meist leicht oberhalb des Neutralpunktes im leicht Basischen liegt, schlägt die Rotweinfarbe konsequenterweise um. Diese Reaktion ist leicht nachprüfbar, indem man einen kleinen Rotweinrest („nur einen winzigen Schluck“) mit etwas carbonathartem Leitungswasser oder ein wenig Seifenlauge versetzt.

Register

Mit 51 Schwarzweiß-Cartoons von Friedrich Werth, Horb

Umschlaggestaltung von eStudio Calamar unter Verwendung einer Illustration von Susanne Straßer, München

Bibliografische Information Der Deutschen Nationalbibliothek
Die Deutsche Bibliothek verzeichnet diese Publikation in der Deutschen Nationalbibliografie; detaillierte bibliografische Daten sind im Internet über http://dnb.ddb.de abrufbar.

Gedruckt auf chlorfrei gebleichtem Papier

ISBN: 978-3-440-10758-4
Projektleitung: Teresa Baethmann
Lektorat: Bärbel Oftring
Produktion: DOPPELPUNKT Auch & Grätzbach GbR, Stuttgart
Printed in the Czech Republic / Imprimé en République Tchèque